城市树木栽植与管护技术丛书

# 城市树木
# 整形修剪技术

主　编：刘　勇　杜建军
副主编：赵和文　李国雷　李进宇

中国林业出版社

**图书在版编目(CIP)数据**

城市树木整形修剪技术／刘勇，杜建军主编．—北京：
中国林业出版社，2017.9

（城市树木栽植与管护技术丛书）

ISBN 978-7-5038-9231-8

Ⅰ.①城… Ⅱ.①刘… ②杜… Ⅲ.①园林树木–修
剪 Ⅳ.①S680.5

中国版本图书馆 CIP 数据核字 (2017) 第 187825 号

中国林业出版社·生态保护出版中心

**策划编辑：**刘家玲

**责任编辑：**曾琬淋　刘家玲

---

**出版**　中国林业出版社（100009　北京市西城区德内大街刘海胡同 7 号）
　　　　http：//lycb. forestry. gov. cn　电话：（010）83143576　83143519

**发行**　中国林业出版社

**印刷**　北京中科印刷有限公司

**版次**　2017 年 9 月第 1 版

**印次**　2017 年 9 月第 1 次

**开本**　880mm×1230mm　1/32

**印张**　4. 75

**彩插**　8P

**字数**　150 千字

**定价**　20. 00 元

# 序

　　树木是城市绿化的重要植物材料，在城市绿化、美化和营建适宜人居环境方面发挥着重要作用。树木不同品种的优良特性只有在与之配套的栽植与管护技术措施下才能得到最大限度发挥，即"良种良法"。为此，"北京园林绿化增彩延绿科技创新工程"将树木栽植与管护技术作为一项重要内容开展相关研究，以便促进栽植与管护技术的提升。本系列丛书《城市树木栽植技术》《城市树木整形修剪技术》和《城市树木管护技术》就是该工程的一个小成果。

　　本系列丛书以普通读者为对象，从栽植、整形修剪、管护三个方面介绍了城市树木培育过程中的相关技术，并选取城市绿化中常用的150个树种作为具体技术案例，其中针叶树26个，阔叶树55个，灌木和藤本69个。本系列丛书的一个亮点是将一般栽培技术和具体树种的特点有机结合进行具体分析，便于读者有针对性地理解和掌握相关技术。希望本系列丛书的出版对促进城市树木栽培技术的提高起到积极作用。

王小平

北京市园林绿化局副局长

# 前　言

据统计，目前我国城镇人口已达 7 亿多人，而且城市化进程还在不断推进，大多数人生活在城市已是现实。为此，如何营造宜居的城市环境已成为大众关心的重要问题。树木在改善城市生态环境、提高人们生活品质方面发挥着不可替代的作用，而这些作用只有在科学合理的栽植与管护技术下才能充分发挥。在"北京园林绿化增彩延绿科技创新工程"资助下，我们编辑出版了城市树木栽植与管护技术系列丛书：《城市树木栽植技术》《城市树木整形修剪技术》和《城市树木管护技术》，希望对提高城市树木栽植与管护技术水平有所帮助。

《城市树木整形修剪技术》是该系列丛书的第二本，书的第一至第五章结合城市树木的特点，阐述了城市树木整形修剪的相关技术；第六章则以 150 种常见树种为例，说明了整形修剪技术在树种上的具体应用。该书由北京市园林绿化局、北京林业大学和北京农学院等单位的多位专家共同完成，其中刘勇和杜建军负责全书统稿，各章的编写分工如下：刘勇、陈晓第一章，赵和文、王建第二章，赵和文、柳振亮第三章，崔金腾、石爱平第四章，赵和文、崔金腾第五章，李国雷、李进宇、刘佳嘉、崔金腾、李金苹、周田田第六章，刘勇彩图摄影。

由于编者的业务水平和能力有限，书中难免存在错漏之处，欢迎读者批评指正。

编　者

2017 年 7 月 10 日

# 目　录

# 第一章
# 城市树木整形修剪的基本知识

　　城市树木是指生长在城市的木本植物，包括各种乔木、灌木、木质藤本等。城市树木中有些植物不经修饰，就可以达到良好的美化环境效果，而许多植物则需经过修剪整形才能更好地发挥它们的作用。

　　树木整形修剪是指根据树木的生态习性、生物学特性、所处环境和用途，依照功能原则、生物学原则和生态学原则，通过截、疏、放、伤、变等相应的整形修剪技术措施，对树木进行一定的整形和保护。整形修剪通常被连在一起使用，作为一个名词来理解，事实上整形和修剪尽管有联系，但同时存在区别。整形是通过给予树木一定的处理措施，使其形成一定的形态和树体结构，主要用于幼树。修剪则是对植株的某些器官，如干、枝、叶、花、果、芽、根等进行剪截或删除的操作。整形的过程需要修剪，修剪又是在整形的基础上进一步为达到特定目的而进行，二者相互联系。本章将就城市树木整形修剪的目的和意义、树木生物学特性和城市树木整形修剪的基本原则做一些简单的介绍。

# 一、城市树木整形修剪的目的和意义

## 1. 城市树木的特点

"城市树木"其根本为树木，具备树木本身的所有自然属性，且"城市树木"从字面上看是在"树木"前加上了"城市"这个限定词，也就是说，城市树木在范围上被限定在城市以内，可以看出，其在城市环境下应具有自身独特的特点，即自然属性和人工属性。

城市树木是活的生命体，无疑具备自然属性。在城市中，城市树木需适应城市自有的自然条件才可生存，也就是要适应城市里自有的立地条件，其除了土壤因素、小气候因素等自然界中也存在的立地因素外，还应包括建筑物的影响、树木成熟时所需要的空间和大小等限制因素。

尽管树木本身具备自然属性，可自然生长，但城市树木往往需要符合城市的规划，不能随便种植，即需满足人们的规划设计需求，因此具备了人工属性。如城市在规划设计上考虑的树种多样性、树木形态、叶片颜色、气味、花期与果实、落叶时间等特性与景观要素和美学等的结合。此外，城市树木脱离人，可能就不能健康顺利地在城市环境中生存，就很快会恢复本土化，即迅速地被本地种类所代替，因此需要人工维护保养，即施肥、浇水、除病虫害以及整形修剪等。

此外，城市树木在功能上也具备自己的特点，即除了防护林树种、经济树种等自然界中已然存在的功能树种外，还包括了行道树和庭荫树等可为城市市民遮阴、观赏的独特的功能树种。

## 2. 城市树木整形修剪的意义

城市中树木的结构经常存在缺陷，如树冠主头不明显、树干有分杈、主枝劈裂、枝条畸形、产生了不需要的花果、有严重的病虫害、树冠不均衡等，如果对其进行整形修剪，则可一定程度上避免或者修正这些缺陷。对于幼树来说，定期的修剪可以培养其良好的树形和树体结构，不仅可提高观赏价值，还可延长其观赏时间和寿命；对于成年树木来说，一定的修剪可以保持其良好的树体结构。一般而言，城市树木整形修剪有以下六个意义：

## （1）调控树体结构，达到美学效果

对树木进行整形修剪，一方面，可调节树木器官和组织的数量（比例），即通过减少某些器官来促进其他器官的生长发育。如在"大年"（指开花结果较多的年份）通过减少花芽或全部除去花芽来促进枝叶的生长，或通过较大强度修剪强主枝、较小强度修剪弱主枝来使主枝之间生长平衡。树体结构的改变可满足对目标美学效果的需求。

另一方面，可改变器官姿势，调节生长发育。如调整成年树木枝梢的姿势（将直立枝梢的角度拉大或将较水平枝竖立），改变树木生长势；调节幼树骨干枝的位置和角度、剪口芽的方向对未来树木的枝梢方向和长势均有影响。

## （2）调节营养生长与开花结果的关系

营养器官和生殖器官的生长相互联系，互相制约。生殖器官的形成需要光合产物，且光合产物均由营养器官产生，因此必须有一定量的营养器官才能实现开花、结果。然而，营养器官的生长也需要消耗大量光合产物，这就形成了营养器官和生殖器官的相互竞争。如枝叶生长过旺，则光合产物消耗大于积累，不利于花芽形成，即不利于开花、结果；若结果过多，消耗光合产物过多，会使树木本身因养分消耗过多而衰弱，即生长受到抑制。因此，在水肥综合管理的前提下，通过整形修剪可使营养器官和生殖器官在数量上相均衡、相适应，进而调节营养器官和生殖器官的矛盾。如整形修剪中通过多发长枝、少发短枝来促进营养器官营养积累；通过多发短枝、少发长枝来抑制营养器官营养积累，促进生殖器官形成。

## （3）调节树木体内激素合成与运转，使城市树木营养平衡

树木营养平衡受树体内各种内源激素影响，内源激素由树体不同器官形成［如生长素（IAA）合成于茎尖及幼嫩部分，赤霉素（GA）在各幼嫩器官合成，细胞分裂素（CTK）主要合成于根尖，而脱落酸和乙烯主要合成于树体内的成熟器］，如对树木进行整形修剪，则必然改变这些器官的数量与比例，则必然影响树体内源激素的合成、运

转和平衡。化学修剪的理论基础便是如此，通过人工合成的植物生长调节剂，改变树体内源激素比例和平衡，进而达到修剪的作用。

另外，激素和营养物质的运转与极性有密切关系。树体中只有幼嫩部分或者生活力高的活细胞中才能不断地产生代谢活动所需的激素，而这些激素的运转受到光的影响，表现为有光条件运转活跃，黑暗条件下则运转缓慢。整形修剪改变了光照条件，改变了运转活力，进而改变了极性生长，促进激素极性运转机能的活化。此外，短截、刻伤等修剪手段，可排除上端高浓度生长素对下面芽的抑制作用，促进下部芽的萌发；压低枝条、开张角度或曲枝等方法也可影响激素的分布与转移，进而影响城市树木营养平衡。

（4）改善通风透光、水分和温度条件

若不对树冠进行修剪，树冠内部光照条件恶化，则会使树冠内丛生同化能力弱、纤细的枝条，失去开花、结果能力，甚至死亡。整形修剪掉相互交叉且过密的枝条，可改善个体或群体的光照条件，使修剪后剩下的枝条充分接受光照，保证了枝叶正常的生理活动。

若不对树冠进行修剪，还会使树冠内部枝条交叉密集，导致气体交换不畅。在进行光合作用时，树冠内二氧化碳浓度下降迅速，进而抑制光合作用的进行，使得树冠内部的枝叶成为无用枝叶。整形修剪可改善气体条件，防止枝条密集交叉的不利影响，保证最大限度地利用光能。

整形修剪可改善树木自身水分条件。如减少叶面积的蒸腾，同时加强根系的吸收作用，使得整形修剪后剩余部分的含水量增加，改善水分条件。整形修剪还可保持一定的枝叶、叶面积指数和整个树冠的立体分布，对外界的温度变化起到缓冲作用。

（5）减少病虫害

整形修剪可直接或间接减少树木个体病虫害。一方面，可将有病虫害或易于产生病虫害的组织器官（如枯枝）直接除掉；另一方面，整形修剪可改善空气、光照条件，增加通风透光，进而间接减少病虫害的发生。

(6) 老弱树复壮

整形修剪一方面可使树体骨架牢固，提高抗风能力，同时使枝条分布合理，层次清晰，增加叶面积指数，提高光能利用效率。另一方面，可调节营养物质和生长激素分配，进而使老弱树重新复壮。

从上面介绍来看，整形修剪可通过剪除植株的部分组织或器官表现美学效果，同时调节和控制开花结果的品质与数量，调控树体内源激素的比例和运转，改善光照、空气、水分和温度等生态条件，减少病虫害，并提高树木自身抗性，对城市树木健康生长和发挥功能作用具有重要意义。

### 3. 城市树木整形修剪的目的

(1) 提高成活率，促进树木健康生长

苗木在起苗和运输过程中，根系往往不可避免受到伤害，根系的损伤破坏了树木原先的根冠水分代谢平衡。"根深才叶茂"，所以科学的根冠比对于树木的存活和健康生长意义重大。研究表明，从树冠外围以不超过15%~20%的比例修剪活的枝叶，可大大提高树木的存活率。城市主要道路的行道树，所栽路面多数被水泥、瓷砖覆盖，树木仅在很小的空间里生存，不仅不利于根系生长，还会威胁到树的生命，且建筑、停车场等基址保留的树木，由于受基建施工影响，树木根系也多受伤，不利于树木存活。修剪是最简便和快捷的解决上述问题的途径，通过从树冠外围疏剪活枝，进而达到适当缩冠的目的。此外，除去过密枝、交叉枝、枯枝及病虫枝等，还可改善树冠内的通风透光条件，减少病虫害的发生，使树木健康生长。

(2) 通过整形修剪来达到设计意图

城市树木在规划设计时也要讲究造景素材，而自然树形有时不能符合设计意图，通过整形修剪可使行道树、庭荫树长出理想的主干和主枝，为优美树形的形成奠定基础，进而达到设计意图。如矮化树木，可以满足室内、花坛中小体量的要求；乔木化一些灌木，进而丰富灌木应用形式，提高观赏价值等。

（3）极大限度地减少危及人和财产安全的因素

在城市中，有树木生存，也有市民的生活。因此，放任树木自然生长有时可能会危及人及其财产安全。如树冠过大挡住交通岗的信号灯或路灯、树木过高顶住电线、居民区树枝过长延伸到居民窗边等，都容易对人们的生活带来威胁。根据具体情况进行适当修剪，可极大限度地减少危及人和财产安全的因素。

# 二、树木生物学特性

## 1. 树木芽的特性

芽是多年生植物为适应不良环境条件和延续生命活动而形成的一种重要器官，是带有生长锥和原始小叶片而呈潜伏状态的短缩枝或是未伸展的紧缩的花或花序。芽抽枝，枝生芽，树形的形成本质上取决于枝、芽的特性，了解树木芽的特性是树木整形修剪的基础，具有重要意义。

通常情况下，根据芽的着生位置可将芽分为定芽和不定芽。定芽是指生长在枝上一定位置的芽，其中着生在枝条顶端的芽称为顶芽，着生在叶腋内的芽称为侧芽或腋芽。不定芽是指生长在根或茎上的位置不固定的芽，通常不萌发，一般在受到修剪等人为刺激时可萌发。根据芽的性质可将芽分为叶芽、花芽和混合芽，萌发后仅形成枝叶的为叶芽，仅形成花序的为花芽，既抽生枝叶，又开花的芽为混合芽。树木芽一般有芽序、异质性、萌芽力和成枝力、早熟性和晚熟性、潜伏力等特性。

（1）芽序

在树木枝上，定芽按一定规律排列的顺序称为芽序。由于定芽着生在叶腋间，因此芽序与叶序相同。芽序多由遗传基因决定，不同树种其芽序也不相同。芽序有互生、对生和轮生等类型。有些树种的芽序也受到树龄、树势等条件影响。芽序与枝条的抽生位置和伸展方向密切相关，了解树木的芽序对整形修剪、安排主侧枝方向、调整树形有重要意义。

（2）芽的异质性

在芽形成时，着生在同一枝条上不同部位的芽存在着大小、饱满程度等差异的现象，称为芽的异质性。这是由树木内营养状况和外界环境条件差异引起的。其中，树木体内的有机营养（贮藏营养和当年生营养）与芽的质量成正比，内源激素 IAA、GA、CTK 有利于芽质量提高，而 ABA 和乙烯不利于芽质量提高；外界环境中低温和高温均不利于芽发育（15～25℃最佳），且水分、矿质营养等均可影响芽的质量。一般来说，在同一枝条上，生长在基部的芽多瘦小、质量差，中上部的芽多饱满、质量好，近顶端的芽质量也较差；在有春梢和秋梢生长的树木（如苹果）枝条上，秋梢常组织不充实，节部芽极小，质量很差或无芽，在冬寒地易受冻害。

（3）萌芽力与成枝力

萌芽力是指 1 年生枝条上芽的萌发能力，通常将萌芽数占该枝上芽的总数的百分率来表示萌芽率。不同树种、树龄和树势均影响萌芽力，一般枝条上叶芽一半以上都能萌发的则为萌芽力强或为萌芽率高，如桃、榆树等，枝条上的芽多呈现休眠状态不萌发的则为萌芽力弱或萌芽率低，如梧桐、梨等。萌芽力高的树种一般较易管理，耐修剪，树木易成形。

成枝力是指 1 年生枝条上，芽萌发后能抽生成为长枝的能力。1 年生枝条上芽抽生成长枝多的则为成枝力强，相反则为成枝力弱，其也受到树种、树龄和树势等的影响。一般树木成枝力强，则树冠密集，树木成形快，如桃，但会存在树冠过早郁闭、通风透光差的现象，需适当修剪，而成枝力弱，则树冠稀疏，树木成形慢，但通风透光性好。

（4）芽的早熟性与晚熟性

芽的早熟性是指树木当年新梢上形成的芽在当年就能萌发的特性，如月季、大叶黄杨等，具有早熟性芽的树种一般萌芽率高，成枝力强，花芽形成快，开花结果早。芽的早熟性在不同树种间表现也不相同，如有些树种一年能萌发 3～5 次新梢，有些可多次开花，这类树木当年即可进行幼树整形；有些树种的芽虽具早熟性，但需受到刺激（病虫害、人工修剪）等才可萌发。芽的晚熟性是指树木当年形成的芽需到第二年才可萌发成枝的特性，如银杏、紫叶李等。此外，也有一些树种的芽同时具有早熟性和晚熟性两种特性，如葡萄，其主芽是晚熟性芽，而副芽是早熟性芽。

（5）芽的潜伏力

芽形成以后，树木枝条基部的芽或上部的某些副芽第二年不萌发而呈休眠、潜伏的状态，称为芽的潜伏力。潜伏芽也称为隐芽。随着树龄的增加及树木枝干的衰老，潜伏芽可萌发抽生成新梢，有时在枝条受到某种刺激时（附近枝受损，失去部分叶片）也可使潜伏芽萌发。芽的潜伏力与树木更新复壮密切相关，潜伏芽寿命长的树种更新复壮能力强，树木寿命也长，相反则更新能力差，寿命短。环境条件和养护管理得当可提高潜伏芽的寿命。

## 2. 树木枝的分类及特性

芽萌生成茎枝，多年生树木，尤其是乔木，茎枝的生长构成了树木的骨架。了解树木枝的分类及特性同样对整形修剪具有重要意义。

（1）枝的分类

①通常情况下根据枝条在树体上的位置可将枝条分为主干、主枝、侧枝和延长枝等。其中，主干为树木的主体；主枝为直接从主干上生长出来的大枝条；侧枝为从主枝或副主枝上生长出来的小枝；延长枝是主枝、侧枝等枝条先端继续延长生长的发育枝，有扩大树冠的作用。

②根据姿势及其相互关系可将树木枝条分为直立枝、斜生枝、水平枝、下垂枝、逆行枝、重叠枝、平行枝、轮生枝、交叉枝、并生枝等。其中，直立枝指垂直地面生长的枝条；斜生枝指与水平线成一定角度的枝；水平枝指水平生长的枝条；下垂枝指向下生长的枝条；逆行枝指呈倒逆姿势的枝条；重叠枝指两个枝条在同一垂直面上，上下相互重叠的枝条；平行枝指在同一水平面上，相互平行生长的枝条；轮生枝指着生点相距很近，向四周呈放射状伸展的多个枝条；交叉枝指相互交叉的两个枝条；并生枝指某一芽着生点或一个芽并生成两个或两个以上的枝条。

③根据树木枝抽生的季节和先后顺序可将枝条分为春梢、夏梢和秋梢及一次枝、二次枝等。其中，春梢、夏梢和秋梢分别指春季、夏季和秋季抽生的枝条；一次枝指在春季芽萌发后第一次抽生的枝条；二次枝指在同一年内，一次枝上又抽生出来的枝条。根据枝龄可分为新梢、1年生枝、2年生枝等，1年生枝即当年抽生至翌春萌芽以前的枝，2年生枝即1年生枝自萌芽后到第二年春为止的枝。

④根据树木枝的性质和用途可将枝条分为营养枝、徒长枝、叶丛枝、开花枝和结果枝、更新枝、辅养枝。其中，营养枝是所有生长枝的总称，依长短又细分为长、中、短营养枝；徒长枝指生长过旺，但发育不充实，节间长，芽不饱满，通常向上直立生长的一种发育枝；叶丛枝指叶片密集、节间短的短枝；开花枝和结果枝指着生花芽的枝；更新枝指替换衰老枝的新枝；辅养枝指辅助树体制造营养，均衡树势，促进结果的大枝。

（2）枝的特性

①树木的分枝方式。除少数树种不分枝外（如棕榈、槟榔等），常见有4种分枝方式：

a. 单轴分枝（总状分枝）。单轴分枝式的树木自幼苗开始顶芽生长势旺，新梢不断向上生长，易形成高大通直的树干。这种分枝方式以裸子植物为最多，如雪松、圆柏、云杉、银杏等。

b. 合轴分枝。合轴分枝是主轴生长不明显的一种分枝方式。这类树木生长过程中，树木茎上的顶芽往往瘦小、不充实，到冬季变干枯死亡，以至由侧芽取而代之，随后侧芽抽生出来的枝条顶芽依旧瘦小而无法生长，再由其侧芽代替继续生长，以此类推。合轴分枝以被子植物为最多，如苹果、梨、桃、杏、柳等。

c. 假二杈分枝。假二杈分枝的树木树干顶梢在生长季末不能形成顶芽，且顶梢下侧芽为对生，在下一生长季内往往两枝对生，生长势相等，以此类推。代表树种有泡桐、梓树、丁香等。

d. 多歧分枝。多歧分枝的树种其顶梢芽季末生长不充实，一般侧芽节间短，或于顶梢形成3个以上势力均等的顶芽。在下一个生长季节，每个枝条顶梢又抽出3个以上新梢同时生长，致使树干低矮。如夹竹桃、瑞香等。

　　树木的分枝方式也不是一成不变的。有些树木年幼时呈单轴分枝，生长到一定阶段时逐渐变为合轴或假二杈分枝，如玉兰等。因此，在这类树木幼年和青年转换时，可见到两种不同的分枝方式及其转变痕迹。

　　②茎枝的生长形式。树木地上部分茎枝的生长与地下部分根系的生长相反，表现为背地性，其大多数是垂直向上生长，也有小部分呈水平或下垂生长。茎枝一般有顶端的加长生长和形成层活动的加粗生长，而禾本科植物不具有形成层，其为居间生长。在种类繁多的树木中，根据茎枝的生长形式大致可分为以下 3 种形式：

　　a. 直立生长。茎干垂直地面，表现出明显的背地性，枝直立或斜生于空间，多数苗木都是如此。在直立茎的树木中，也有些变异类型，根据枝的伸展方向可分为紧抱型、开张型、下垂型、扭旋型、龙游（扭曲）型等。

　　b. 攀缘生长。茎长得细长柔软，自身不能直立，但能缠绕或具有适应攀附他物的器官（如卷须、吸盘、吸附气根、钩刺等），借他物为支柱，向上生长。多为木质藤本，如爬山虎、铁线莲、蔷薇类、金银花等。

　　c. 匍匐生长。茎蔓细长，自身不能直立，且又无攀附器官的藤木或无直立主干的灌木，往往匍匐于地面生长，如偃柏、匍地柏等，常作为地被植物。

　　③顶端优势。树木顶端的芽或枝条优先生长，比其他部位的芽或枝条生长有优势，进而抑制其他部位芽和枝生长的现象称为顶端优势。植物生长过程中，顶芽、顶端枝条生长旺盛时会抑制侧芽、侧枝生长，这是枝条背地性生长的表现。以一个近乎垂直于地面的枝条为例，其顶端的芽抽生出来的枝发育最强，而侧芽抽生的枝，其生长势多从上而下呈递减趋势，往往基部着生的芽不萌发。若抑制顶芽或顶端枝条生长，一些侧芽或侧枝会迅速生长，一些潜伏芽也会萌发。顶端优势也表现在分枝角度、树木中心干生长势强而持久及树冠上部枝比下部的强等现象上。乔木一般都有较强的顶端优势，树种越是乔化，其顶

端优势也越明显。

④干性与层性。树木中心干长势强弱及其维持时间的长短称为树木的干性，简称干性。中心干明显而挺拔且能长期保持优势的称为干性强，相反则为干性弱。干性强是乔木的共性，即枝干的中轴部分比侧生部分有着明显的相对优势。一般而言，顶端优势明显的树种干性强，如杨树、悬铃木、云杉、油松等。当然，乔木树种的干性也有强弱之分，如雪松、黑松、广玉兰等树种干性强，而杏、紫薇以及灌木树种则干性弱。树木干性的强弱影响树木的高度、树冠的形态和大小等。

受到顶端优势和芽的异质性的共同作用，使有优势的 1 年生枝的着生部位比较集中，进而使主枝在主干或者二级枝在主枝上成明显的层状分布，这种现象称为树木的层性，简称层性。具有明显层性的树种几乎一年一层，如黑松、马尾松、广玉兰等树种，因此此类树种可将层性作为测定树木年龄的一种依据。一般而言，树种顶端优势强，成枝力弱，则层性明显，如油松、南洋杉等。顶端优势弱，成枝力强，芽的异质性不明显，则其层性不明显。有些树种的层性从幼苗起就很明显，如油松，而有些树种的层性也会随树木生长阶段不同而变化，如梨，随着树龄增大，弱枝死亡，层性便逐渐表现出来。此外，层性又受到中心干的生长优势和持续性的影响，如树木壮年或过熟阶段，中心干优势减弱或失去，层性也就逐渐消失。

干性与层性的强弱因树种而异。黑松、广玉兰等树种干性强，层性也明显；水杉、雪松等树种干性强而层性不明显；梅、桃等树种无明显的干性和层性；苦槠、香樟等树种幼年期干性较强，而成年期后，干性和层性逐渐衰退。树木的干性与层性也受栽植环境影响，如群植，密度大能一定程度上增强干性，单株栽植干性则减弱。

⑤垂直优势。枝条生长势因着生方位不同而异，着生方位背地性越强，则其生长势越强，即直立生长的枝条生长势强，斜生的其次，水平枝再次，下垂枝最弱，这种现象称为垂直优势。垂直优势是枝生长背地性的表现。

### 3. 树木整体结构和生长特性

树木整体结构由地上部分和地下部分组成，其中，地上部分由树冠（树枝和树叶）和树干组成，地下部分由树根组成。地上部分是树木整形修剪的主体部分。乔木、灌木有着各自不同的地上部分树体结构，其中乔木由主干、中心干、主枝、侧枝、延长枝、顶梢组成，而灌木多由丛生茎枝组成。

树木的主要生长特性为离心生长与离心秃裸、向心更新与向心枯亡。其中，离心生长是指自种子萌发或经营养繁殖成活后，树木以根颈为中心，根和茎均以离心的方式向外生长。即根为向地性，在土中逐年发生并形成各级骨干根和侧生根，向地下发展；地上芽则相反，按背地性生长，向上生长并形成各级骨干枝和侧生枝，向空中发展。受遗传特性、树体生理和环境条件等影响，树木的离心生长是有限的，即根系和树冠离心生长只能达到一定的程度和范围。离心秃裸就是离心生长达到一定程度后的表现，即随树龄增大，离心生长达到一定程度后，树木骨干根早年形成的须根自根部向基部衰亡，且地上枝条由于外围生长点过多而造成枝叶过密，使内膛光照、通气等环境恶劣，进而使内膛早年在骨干枝上生长的侧枝自内向外衰亡。随着树龄的增加，离心生长使地上部分大量的枝芽生长点集中在树冠外围，受重力影响，骨干枝枝端重心外移，甚至下垂，而离心秃裸使根系距离树体过远，进而减弱枝条生长势，此阶段为树木生长达到最大树体阶段。自这一阶段开始，外部枝条开始开权衰亡，离心生长逐渐变弱，骨干枝枝条开权部位会开始生长徒生枝，由外向内、由上自下直至根颈进行更新衰亡，这种现象称为向心更新与向心枯亡。

树木在生命周期各个阶段也有着不同的生长特性，幼年期的树木，离心生长旺盛，光合面积快速增大，开始形成骨干枝，为树体结构的形成打下基础或为首次开花结果奠定条件；青年期的树木，离心生长达到最快，可能达到最大营养面积和最大树体体积；壮年期的树木，树木生长势开始减慢，营养生长几乎全为生殖生长服务，大量开花、结实，树冠外缘开始出现枯枝，病虫害开始增多；衰老期的树木，骨干枝和主枝生长发育开始逐渐衰退，树冠更新能力变弱，树皮开始脱落，树木整体衰老并逐渐死亡。

此外，树木生长具有年周期的特性，即在一年里，树木的形态和生理机能会随着季节的变化而发生规律性变化的特性。树木的物候就是树木年周期的直接表现。落叶树的年周期具明显的季节变化和形态变化。其中，从休眠期到生长期，树木抗寒能力减弱，易发生冻害；生长期，树木经历发芽、长叶、开花、结实、落叶等过程；生长转入休眠期，树木养分开始转化，进入贮藏阶段；休眠期，树木抗性增强，生命活动变缓慢。常绿树木的年周期则无明显的季节变化和形态变化，其多数在新叶萌发时落叶，且有着生长发育多次性（多次抽梢、多次开花等）、果实发育期长、无自然休眠期等特点。

## 三、城市树木整形修剪的基本原则

城市树木的整形修剪，既要考虑功能需要与栽植目的，又要考虑城市树木本身的树势平衡，应有利于更新复壮，以极大限度地提高树木的寿命，还应结合城市的生态环境，因地制宜，适地适树。一般而言，城市树木的整形修剪应依据其功能原则、生物学原则和生态学原则。

### 1. 功能原则

（1）根据树木在绿化中的功能需要进行整形修剪

对于城市而言，好的绿化是促进城市繁荣发展，形成城市森林，加强生态文明建设的方式之一，而城市绿化的主体便是城市树木。城市树木的枝叶能黏附尘埃，吸收部分有害气体，降低城市的灰尘量，并净化空气，减轻城市中有害气体含量；在高温季节树木的枝叶又起到遮阴作用，降低了树冠枝叶下的温度，通过根系吸水和叶片气孔散发的水分也一定程度上降低温度；城市树木有一定的阻挡风的能力，可降低风速，同时可以降低噪声，起到防护作用；某些地区，果树等经济树种也可作为城市树木，发挥绿化作用。城市绿化后，若放任树木自由发展，则很难较好地发挥其功能作用，有时甚至会起到相反作用。根据绿化功能需要，可将城市树木分为行道树、庭荫树、防护林树种和经济林树种，科学地整形修剪，因树制宜，是城市树木在绿化中较好地发挥作用的关键。

行道树主要发挥黏附尘埃、净化空气、遮阴、体现城市风貌等功能，在整形修剪上应根据不同区域位置给予不同整形修剪方案，但都应遵循树体高大、分枝点高、操作方便和风格统一的基本原则。城市中心区域，车辆、人口密集，尘埃、尾气等污染物浓度较高，行道树不应过高、过密，应通过整形修剪控制冠幅，使之在保证空气流通的前提下，发挥吸附尘埃、净化空气功能。车流量较少、分车带空间开阔的区域，应在修剪时尽可能地使树木的分枝开张，扩大树木冠幅，最大限度地发挥其生态屏障作用，提高城市绿荫覆盖面积。对于特殊区域，如交通岗、路灯以及电力线等区域，应通过整形修剪，使树冠避开信号灯、路灯以及电力线等，以免造成危险。

庭荫树是以遮阴为主要目的的树种，主要栽在景区或园林中。在整形修剪时应保证树冠庞大、枝叶繁密，可在高温炎热的夏季给人带来浓荫、凉爽的环境。一般根据树种生长习性，以自然式树形为主，辅以人工修剪。不同区域的庭荫树整形修剪方式不同。若在景区或园林等中心区域起着主景物作用时，应在保证树冠尽可能大的前提下，精细修剪，剪除病枯枝、基部萌蘖枝和主干冗枝等，以最大限度地发挥其遮阴和观赏效果；若在游人较少的偏角区域，则应以保持树木粗犷、自然的树形为宜，使游人有回归自然的感觉，充分领略自然美。

城市防护林主要功能是保护城市生态环境，保护和提高居民生活环境，应因地制宜，因需设防。为使城市防护林整齐、美观、生长旺盛，应在树木生长初期对树木进行整形修剪，以促进乔木形成通直主干和大树冠，控制灌木高度，促分枝，进而发挥其降风速、减噪声等防护功能。对于乔木的修剪，针叶乔木一般不需修剪，保持其自然式树形；阔叶乔木一般在栽植成活一年后进行修剪，除去树干基部萌生枝、二杈枝和竞争枝，持续 2~3 年，以促进树干通直生长。对于灌木的修剪，应在栽植成活 1~2 年后，枝叶生长量显著增加时进行整形修剪。最初时，修剪时一般不宜强剪，随着冠幅生长量的增加，逐渐增加强度。一般需每年在早春修剪 1 次。

经济林树种在绿化的同时还增添了观花、观果，给人带来果实成熟的喜悦的额外功能，其应遵循"因树修剪，随枝做型"的原则，以培育出"有形不死，无形不乱"的适宜树形，最终达到多花、多果、满树生辉的效果。对于幼树来说，整形修剪降低了叶面积，影响树木营养生长，因此要适当的轻剪，在整形的基础上，多留枝叶，进而扩大叶面积，充分有效利用光能，促进开花、结果。对于成熟且已结果的树来说，可适当剪去过多的叶芽和花芽，既可改善光照和通风条件，又可使营养集中，有利于树木的开花、坐果。一般在休眠期对病枝、枯枝、密植和徒长枝进行修剪，调节生长枝和结果枝比例；在生长期，通过修剪增加分枝层次，抑制新梢徒长，提高光能利用率，进而促进发芽分化，提高坐果率。

（2）根据树木观赏功能的需要进行整形修剪

在自然环境的影响下，树木经过长期的生态环境选择，通过自由的生长，形成了其与生俱来的自然美，人们喜欢这种自然美。然而有些时候，人们也喜欢植物带有人工风格的机械美。整形修剪可以在短期内，根据人们的意愿要求，人工创造出各种样式的机械美感造型，如动物、各种几何造型等。因此，整形修剪是使城市树木在短期内发挥其观赏功能的有效措施之一。人工整形修剪通常上讲究艺术构图的基本原则，即在统一中寻求变化，在调和的基础上，创造对比的活力，使用正确的比例和尺度，表达出树木特有的韵律与节奏，形成原本不具备的比拟联想性质。

①统一与变化。"对比"是美的构成形式之一。"统一与变化"体现的就是"对比"产生的美。可以通过整形修剪的手段，使城市树木发挥其在"对比"中产生的观赏价值。一般的构图规则是：在自然风格为主调的环境中采用自然式修剪，让树木自然生长；在规则的环境中采用机械式的规则修剪。然而，在统一中变化，如在自然风格环境中突然栽植机械式规则修剪的树木，则可产生"对比"美，给人强力的视觉冲击，使人产生广阔的想象空间。

②节奏与韵律。节奏与韵律二者相互联系，密不可分，是创造的关键，是美感的语言。如有人把建筑比喻为凝固的音乐，就是因为它们通过空间虚实的交替、体量大小的差别、结构排列的疏密、刚直曲

**图 1-1　城墟式绿篱**

**图 1-2　波浪式绿篱**

柔的交叉等变化进而形成节奏与韵律美。通过人工整形修剪，同样可使城市树木产生具有节奏与韵律的无声音乐。如螺旋的上下有规律的修剪就具备简单韵律的表现；绿篱最常见的修剪形式是平顶式，断面呈长方形或块体，侧面垂直，如果把它们修剪成"城墟式"或者"波浪式"表面，如图1-1、图1-2所示，则可给人节奏和韵律感。需要注意的是，整形修剪时，避免形成过多的韵律与节奏种类，以免使人产生心烦意乱的感觉。

③比例与尺度。"美是各部分的适当比例，再加一种悦目的颜色"——圣·奥古斯丁。比例是物与物相比，其是理性的、具体的，如最经典的比例黄金分割，而尺度是物与人之间相比，其是感性的、抽象的，凭感觉而定。这些原则在植物表现美学价值、发挥观赏功能上同样适用。植物天然生长的过程中形成了不同的长、宽、高，具备不同的大小比例，人工整形修剪也可使其形成不同比例，这种比例之间的差异会给人带来不同的空间感。以树木树冠宽度与树高的比例为例，宽高相等时会给人端正和庄重的感觉；宽高比为1：1.414时，让人感觉奢华和昂贵；宽高比为1：1.618（黄金比例）时，给人感觉稳健和安全；宽高比为1：2时，使人感觉高瘦和俊俏；宽高比为1：2.36时，给人充满干劲和向上的感觉。尺度上的差异是空间和植物之间的，以人的舒适度来衡量。一般来说，若树木生长在大的空间里时，其尺度要大，即整形修剪时要保证树木枝叶繁密，主干粗壮，雄伟壮观；若长在狭小的空

间里时，则其整形修剪时应使叶片缩小，使枝干较多露出，给人亲切感。

④比拟与联想。比拟是一种文学上的说法，同时也是中国的传统艺术手法，通过比拟可使人产生联想，因此比拟与联想是密不可分的。可以通过整形修剪把树木修剪成各种建筑、人物、动物、实物等形状，以使人联想与之相关的事物，引发审美热情，如图1-3

**图1-3　绿篱被修剪成元宝状**

所示的绿篱让人联想到元宝。需要注意的是，在实际操作过程中，需要技术工人有较好的修剪技术，否则可能适得其反。

## 2. 生物学原则

### （1）根据城市树木生长习性进行整形修剪

城市树木种类多样，不同树种之间树木分枝习性、萌芽力和成枝力、伤口愈合能力和对修剪的反应等生长习性各不相同，修剪时应根据其生长习性区别对待。对于针叶树种，其多为主轴分枝方式，主干往往通直高大，应以自然式修剪方式为主，控制中心主枝上端竞争枝生长，促进顶芽逐年上涨。对于耐修剪树种（萌芽力、成枝力和愈合能力强的树种），修剪方式没有太多固定要求，自然式修剪、机械式修剪等均可，多根据功能需要决定修剪方式。对于不耐修剪树种（萌芽力、成枝力和愈合能力较弱的树种），不宜过多修剪，应以养护性修剪为主，以维持自然形态为主。

### （2）根据树木分枝规律进行整形修剪

如前所述，在长期的进化过程中，树木形成了一定的分枝规律，包括单轴分枝、合轴分枝、假二杈分枝、多歧分枝等几种类型。在城市树木修剪过程中，应根据树木的分枝规律进行相应的修剪。以单轴分枝式为主的针叶树种，顶芽长势旺、优势强，易生长形成高大通直的树干，修剪时应控制其侧枝，促进主枝生长。若树木以合轴分枝方式为主，则应在其幼年时培养中心主干生长，并合理选择和安排各侧枝，进而实现成年后树木骨干枝明显、花果满树的效果。对于以假二杈分枝式为主的树木，可在其幼年时剥除枝顶两对生侧芽中的 1 枚侧芽，留 1 枚壮芽来培养主枝，主枝形成后再用相同方式来培养 3~5 个主枝。对于多歧分枝的树木，可通过短截或抹芽等修剪方法培养主干，主干长成后根据需求规划不同树形。

（3）根据花芽位置、分化期和性质进行整形修剪

城市树木中有些树种是观花、观果树种，其在整形修剪时，除了要考虑生长习性、分枝规律等外，还应该重视其花芽着生的部位、花芽的分化时期以及花芽性质。因此，在修剪此类树木时，需先了解其成花规律，再制定对应的修剪措施。如花芽生长在枝条顶端，开花前绝不可进行短截；如花芽生长在叶腋里，根据需要可在花前短截。如春季开花的树木，花芽通常在上一年的夏、秋分化形成，生长在 1 年生枝上，因此若在休眠期进行修剪，则必须注意不要剪到花芽着生的部位；夏、秋开花的种类，花芽在当年生的新梢上分化形成，因此需在秋季落叶后至早春萌芽前进行修剪。如果是观果树木，花枝上面需留有枝叶，以保证坐果和果实的发育所需养分。

（4）根据树龄、树势进行整形修剪

城市中的树木年龄大小不一，修剪时应根据树龄进行分类处理。幼年树，整形修剪应以培养主干为主。壮年树，若要观花，可在盛花期通过调节营养生长与生殖生长的关系，促使分化更多的花芽；若用于遮阴，则可通过修剪保持其树冠丰满圆润，避免出现偏冠、残缺。老龄树，应通过整形修剪刺激休眠芽萌发，实现局部更新，进而延缓衰老进程。

根据不同树势也应采用不同的修剪方法。生长势较强的树木，适合轻度修剪，缓和树势；生长势较弱的树，则应进行强烈的短截，将饱满优质芽作为剪口芽，以恢复树势。

（5）根据修剪后树木的反应进行整形修剪

修剪后树木的反应体现了修剪的强度，同时是检验修剪是否合理

的直观标志。城市树木中不同树种，修剪后反应不同，即使同一树种，其不同部位修剪后仍存在不同反应。了解树种的修剪反应规律是做好整形修剪的提前之一，也是确定修剪方式的原则之一。一般可从局部（修剪部位）和整体（全树）看修剪反应。修剪时，应根据树种修剪反应情况，在适当的时期采用适宜的修剪方法，做到轻重得当、顺其自然。

### 3. 生态学原则

#### （1）根据土壤类型进行整形修剪

土壤类型影响树木生长，而城市内土壤类型多不同，其必将影响城市树木的生长，因此应根据土壤类型确定整形修剪方式，以简单有效地适应树木在不同类型土壤上的生长。如生长在土壤贫瘠或地下水位较高的地区的城市树木，应将树冠减小，并将主干留低一点；如在盐碱地，一般情况下栽植树木前会进行换土，但往往换土量有限使得土层较薄，影响树木根系向下发展，整形修剪时也应将主干留低，树冠减小，以减少地上部分发育。

#### （2）根据气候条件进行整形修剪

气候条件同样影响树木生长，因此不同气候带应对应不同的整形修剪方式。如在多风地区，以低干矮冠较为适宜，并且枝条不应过密，防止风大将树木吹倒；在多雨地区，空气比较潮湿，容易使树木受病虫害侵扰，整形修剪时应以疏剪为主，加强树冠空气流通，增加光照和温度，进而一定程度上抑制病虫害的发生；在降雨量少的干燥地区，阳光较强，易造成树木焦叶，修剪则不能以疏为主，应保持较密的枝叶，使它们相互遮阴，进而减少枝叶的蒸腾，保持树体内含水量；在降雪较多的地区，树木容易受雪压，整形修剪时应加大修剪强度，应促进主干向粗生长，并控制树木的冠幅，以降低树木被积雪压倒的风险。

综上所述，在城市树木的整形修剪过程中，需要考虑多方面因素。根据实际情况，灵活选择整形修剪方案，因树制宜，但保证树木的健康是基础，在此基础上再考虑生态功能、周围环境的协调以及美化观赏的效果。

# 第二章
# 城市树木整形修剪的基本技术与工具

## 一、整形修剪季节

园林树木种类很多，习性与功能各异，由于整形修剪目的与性质的不同，虽然各有其相适宜的整形修剪季节，但从总体上看，一年中的任何时候都可对树木进行整形修剪，而具体时间的选择应从实际出发。

树木的整形修剪季节，一般为冬季（休眠期）和夏季（生长期）。冬季指树木落叶后至第二年早春树液开始流动前（一般在 12 月至第二年 2 月）；夏季指自萌芽后至新梢或副梢生长停止前（一般在 4 ~10 月）。

### 1. 冬季（休眠期）整形修剪

在休眠期，树体贮藏的养分充足，地上部分修剪后，枝芽减少，可集中利用贮藏的营养。因此，新梢生长加强，剪口附近的芽长期处于优势。对于生长正常的落叶果树来说，一般要求在落叶后 1 个月左右修剪，不宜过迟。若春季萌芽后修剪，贮藏养分已被萌动的枝芽消耗一部分，一旦已萌动的枝被剪去，下部芽重新萌动，生长推迟，长势明显减弱。整个冬季修剪，应先剪幼树，先剪效益好的树，先剪越冬能力差的树以及干旱地块的树。从时间安排上讲，还应首先保证技术难度较大树木的修剪。对于一些有伤流现象的树种，如葡萄，应在伤流开始前修剪。伤流是树木体内的养分与水分在树木伤口处外流的现象，流失过多会造成树势衰弱，甚至枝条枯死，因此修剪最好在夏季着叶丰富、伤流少且容易停止时进行，另一些伤流严重的树种则可在休眠季节无伤流时进行。

### 2. 夏季（生长期）整形修剪

生长期修剪，可在春季萌芽后至秋季落叶前的整个生长季内进行，此期修剪的主要目的是改善树冠的通风、透光性能，一般采用轻剪，以免因剪除大量的枝叶而对树木造成不良的影响。树木在夏季着叶丰富时修剪，可调节光照和枝梢密度，判断病虫、枯死与衰弱的枝条，也最便于把树冠修整成理想的形状。幼树整形和控制旺长，更应重视夏季修剪。

### 3. 常绿树木的整形修剪

除过于寒冷和炎热的天气外，大多数常绿树种的修剪终年都可进行，但以早春萌芽前后至初秋以前最好。因为新修剪的伤口大都可以在生长季结束之前愈合，同时可以促进芽的萌动和新梢的生长。

## 二、整形修剪工具

"工欲善其事，必先利其器"，整形修剪工具的正确使用能够达到事半功倍的效果。常用的整形修剪工具有剪、锯、刀具、斧头、梯子及其他辅助工具等。

### 1. 剪

（1）普通修枝剪

一般剪截直径 3 厘米以下的枝条，只要能够含入剪口内，都能将其剪断。操作时，用右手握剪，左手将粗枝向剪刀小片方向猛推，就能应刃而剪，不要左右扭动剪刀，否则影响正常使用。

（2）长把修枝剪

其剪刀呈月牙形，没有弹簧，手柄很长，能轻快地修剪直径 1 厘米以内的树枝，适用于高灌木丛的修剪。

（3）高枝剪

装有一根能够伸缩的铝合金长柄，使用时可根据修剪的高度要求来调整，用以剪截高处的细枝。

（4）大平剪

大平剪又称绿篱剪、长刃剪，适用于绿篱、球形树和造型树木的修剪，它的条形刀片很长，刀片很薄，易形成平整的修剪面，但只能用来平剪嫩梢。

（5）自行式绿篱修剪机

操作养护方便、作用效率高、省时省力，常用于高速公路中央隔离带及园林植物和城市灌木丛林的修剪。

## 2. 锯

锯适用于粗枝和树干的剪截，常用的有五种锯：手锯、单面修枝锯、双面修枝锯、高枝锯和电动锯。

（1）手锯

常用于花木、果木、幼树枝条的修剪。

（2）单面修枝锯

适用于截断树冠内中等粗度的枝条，弓形的单面细齿手锯锯片很窄，可以伸入到树丛当中锯截，使用起来非常灵活。

（3）双面修枝锯

适用于锯除粗大的枝干，其锯片两侧都有锯齿，一边是细齿，另一边是由深、浅两层锯齿组成的粗齿。在锯除枯死的大枝时用粗齿，锯截活枝时用细齿。另外，锯把上有一个很大的椭圆形孔洞，可以用双手握住来增加锯的拉力。

（4）高枝锯

适用于修剪树冠上部大枝。

（5）电动锯

适用于大枝的快速锯截。

### 3. 刀具

为了在一定位置抽生枝条，以解决大枝下部光秃问题及培养主枝等，使用的刀具有芽接刀、电工刀或其他刃口锋利的刀具。

### 4. 斧头

砍树或撑枝、拉枝时钉木桩用。

### 5. 梯子及其他辅助工具

（1）梯子、升降机

修剪较高大的树木时使用，使用时注意环境安全。

（2）涂抹伤口的工具

涂抹伤口保护剂时常用干净的高粱刷，抹油亮保护剂多用小型毛刷。

### 6. 工具的保护

工具在使用前，需认真检查是否完好，以确保使用期间安全。剪、锯、刀具、斧头等金属工具用后，冲洗干净后擦净，并在刀刃及轴部抹油，存放于干燥处。

### 7. 化学修剪

化学修剪可以降低劳动成本，提高劳动生产率，能够充分发挥园林的绿化功能。化学修剪是向植物施用生长调节剂，从而使植物矮壮化、延缓植物生长速度等。生长调节剂能够进入植物体的叶片、茎部、根部等部位发生作用，能够替代部分的修剪作业，是栽培养护现代化趋势。其剂型分水剂、粉剂、油剂、气态剂。化学修剪的作用主要分为以下三类：

①抑制或延缓生长，代替摘心、抹芽、剪枝等工作。

②促进侧芽萌发生长、枝梢开张角度，代替摘心、弯枝等工作。

③疏花、疏果。

# 三、整形修剪基本技法

## 1. 基本整形方式

园林树木的整形方式因栽培目的、配置方式和环境状况不同而有很大的不同，在实际应用中主要有以下几种方式：

### （1）自然式整形

这种树形是在树木本身特有的自然树形基础上，按照树木本身的生长发育习性，稍加人工调整和干预而形成的自然树形。这不仅体现园林树木的自然美，同时也符合树木自身的生长发育习性，有利于树木的养护管理。行道树、庭荫树及一般风景树等基本上都采用自然式整形。长圆形，如玉兰、海棠；圆球形，如黄刺玫、榆叶梅；扁圆形，如槐、桃花；伞形，如合欢、垂枝桃；卵圆形，如苹果、紫叶李；拱形，如连翘、迎春花。

### （2）人工式整形

由于园林绿化的特殊要求，有时将树木整形修剪成有规则的几何形体，如方形、圆形、多边形等，或整剪成非规则的各种形体，如鸟、兽等。这类整形违背树木生长发育的自然规律，抑制强度较大；所采用的植物材料又要求萌芽力和成枝力均强的种类，如侧柏、黄杨、榆、金雀花、罗汉松、六月花、水蜡树、紫杉、光叶石楠、对节白蜡等，并且只要有枯死的枝条就要立即剪除。有死亡的植株还要马上换掉，才能保持整齐一致，所以往往为满足特殊的观赏要求才采用此种方式。

①几何形体的整形方式。按照几何形体的构成标准进行修剪整形，如球形、半球形、蘑菇形、圆锥形、圆柱形、正方体、长方体、葫芦形、城堡式等。

②非规则形体的整形方式。

a. 垣壁式。在庭园及建筑物附近为达到垂直绿化墙壁的目的而进行的整形。在欧洲的古典式庭园中常可见到此方式。常见的形式有 U 字形、叉字形、肋骨形等。这种方式的整形方法是使主干低矮，在干上向左右两侧呈对称或放射状配列主枝，并使之保持在同一垂直面上。

b. 雕塑式。根据整形者的意图，创造出各种各样的形体，但应注意树木的形体要与四周园景协调，线条不宜过于烦琐，以轮廓鲜明简练为佳。

（3）自然与人工混合式整形

①中央领导干形。有强大的中央领导干，在其上配列疏散的主枝，多呈半圆形树冠。如果主枝分层着生，则称为疏散分层形。第一层由比较邻近的 3~4 个主枝组成，第二层由 2~3 个主枝组成，第三层也有 2~3 个主枝，以后每层留 1~2 个主枝，直至到 6~10 个主枝为止。各层主枝之间的距离，依次向上缩小。这种树形，中央领导干的生长优势较强，能向外和向上扩大树冠，主侧枝分布均匀，透风透光良好，进入开花、结果期较早而丰产（图 2-1）。

②杯形。即常讲的"三股三杈十二枝"，没有中心干，但在主干一定高度处留 3 个主枝向 3 个方向伸展。各主枝与主干的夹角约为45°，3 个主枝相互间的夹角约为 120°。在各主枝上又留两个一级侧枝，在各一级侧枝上又再保留 2 个二级侧枝，依次类推，即形成类似假二杈分枝的杯状树冠（图 2-2）。这种整形方法，多用于干性较弱的树种。

图 2-1　中央领导干形

图 2-2　杯形

③自然开心形。由杯形改进而来，它没有中心主干，中心没有杯形空，但分枝比较低，3 个主枝错落分布，有一定间隔，自主干向四周放射伸出沿直线延长，中心开展，但主枝分生的侧枝不以假二杈分

**图2-3　自然开心形**

枝，而是左右错落分布，因此树冠不完全平面化（图2-3）。这种树形的开花、结果面积较大，生长枝结构较牢，能较好地利用空间，树冠内阳光通透，有利于开花、结果，因此常为园林中的桃、梅、石榴等观花及观果树木整形修剪时采用。

④多领导干形。留2~4个领导干，在其上分层配列侧生主枝，形成匀整的树冠。此树形适用于生长较旺盛的树种，最适宜观花乔木、庭荫树的整形。其树冠优美，并可提早开花，延长小枝条寿命。

⑤丛球形。此种整形只是主干较短，分生多个各级主侧枝错落排列呈丛状，叶层厚，绿化、美化效果较好。本法多用于小乔木及灌木的整形，如黄杨类、杨梅、海桐等。

⑥伞形。这种整形方式常用于建筑物出入口两侧或规则式绿地的出入口，两两对植，起导游提示作用。在池边、路角等处也可点缀取景，效果很好。它的特点是有一明显主干，所有侧枝均下弯倒垂，逐年由上方芽继续向外延伸扩大树冠，形成伞形，如龙爪槐、垂枝樱、垂枝三角枫、垂枝榆、垂枝梅和垂枝桃等。

⑦篱架形。这种整形方式主要应用于园林绿地中的蔓生植物。凡有卷须（如葡萄）、吸盘（如薜荔）或具缠绕习性的植物（如紫藤），均可依靠各种形式的栅架、廊亭等支架攀缘生长；不具备这些特性的藤蔓植物（如木香、爬藤月季等）则要靠人工搭架引缚，既便于它们延长、扩展，又可形成一定的遮阴面积，供游人休息观赏，其形状往往随人们搭架形式而定。

总括以上所述的三类整形方式，在园林绿地中以自然式应用最多，既省人力、物力又易成功。其次为自然与人工混合式整形，这是使花朵硕大、繁密或果实丰硕肥美等而进行的整形方式，它比较费工，亦需适当配合其他栽培技术措施。关于人工形体式整形，一般而言，由于很费人工，且需有较熟练技术水平的人员，故常只在园林局部或在要求特殊美化处应用。

## 2. 修剪方法

### （1）短截

短截又称短剪，指剪去 1 年生枝条的一部分。短截对枝条的生长有局部刺激作用。短截是调节枝条生长势的一种重要方法。在一定范围内，短截越重，局部发芽越旺。根据短截程度可分为轻短截、中短截、重短截、极重短截（图 2-4）。

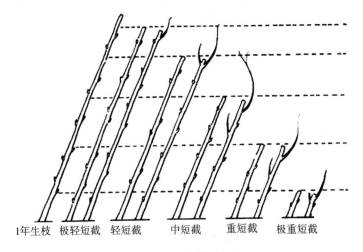

1年生枝　极轻短截　轻短截　　中短截　　重短截　极重短截

**图 2-4　短截示意图**

①轻短截。剪去枝梢的 1/4~1/3，即轻打梢。由于剪截轻，留芽多，剪后反应是在剪口下发生几个不太强的中长枝，再向下发出许多短枝。一般生长势缓和，有利于形成果枝，促进花芽分化。

②中短截。在枝条饱满芽处剪截，一般剪去枝条全长的 1/2 左右。剪后反应是剪口下萌发几个较旺的枝，再向下发出几个中短枝，短枝量比轻短截少。因此，剪截后能促进分枝，增强枝势，连续中短截能延缓花芽的形成。

③重短截。在枝条饱满芽以下剪截，剪去枝条的 2/3 以上。剪截后由于留芽少，成枝力低而生长较强。有缓和生长势的作用。

④极重短截。剪至轮痕处或在枝条基部留 2~3 个秕芽剪截。剪后只能抽出 1~3 个较弱枝条，可降低枝的位置，削弱旺枝、徒长枝、直立枝的生长，以缓和枝势，促进花芽的形成。

（2）回缩

回缩又称缩剪，是指对 2 年或 2 年以上的枝条进行剪截。一般修剪量大，刺激较重，有更新复壮的作用。多用于枝组或骨干枝更新，以及控制树冠辅养枝等。其反应与缩剪程度、留枝强弱、伤口大小等有关。如缩剪时留强枝、直立枝，伤口较小，缩剪适度可促进生长；反之，则抑制生长。前者多用于更新复壮，后者多用于控制树冠或辅养枝。

（3）疏删

疏删又称疏剪或疏枝，指从分生处剪去枝条。一般用于疏除枯枝、病虫枝、过密枝、徒长枝、竞争枝、衰弱枝、下垂枝、交叉枝、重叠枝及并生枝等，是减少树冠内部枝条数量的修剪方法。不仅 1 年生枝从基部减去称为疏剪，而且 2 年生以上的枝条，只要是从其分生处剪除，都称为疏剪。

疏删修剪时，对将来有妨碍或遮蔽作用的非目的枝条，虽然最终也会除去，但在幼树时期宜暂时保留，以便使树体营养良好。为了使这类枝条不至于生长过旺，可放任不剪。尤其是同一树上的下部枝比上部枝停止生长早，消耗的养分少，供给根及其他必要部分生长的营养较多，因此宜留则留，切勿过早疏除。

疏剪的应用要适量，尤其是幼树一定不能疏剪过量，否则会打乱树形，给以后的修剪带来麻烦。枝条过密的植株应逐年进行，不能急于求成。

（4）放

营养枝不剪称为甩放或长放。放是利用单枝生长势逐年递减的自然规律。长放的枝条留芽多，抽生的枝条也相对增多，致使生长前期养分分散，而多形成中短枝；生长后期积累养分较多，能促进花芽分化和结果。但是营养枝长放后，枝条增粗较快，特别是背上的直立枝，越放越粗，若运用不妥，会出现树上长树的现象，必须注意防止。一般情况下，对背上的直立枝不采用甩放，如果要长放也应结合运用其他的修剪措施，如弯枝、扭伤或环剥等；长放一般多应用于长势中等的枝条，促使形成花芽的把握性较大，不会出现越放越旺的情况。通常，对桃花、海棠等花木，为了平衡树势，增强生长弱的骨干枝的生长势，往往采取长放的措施，使该枝条迅速增粗，赶上其他骨干枝的生长势。丛生的灌木多采用长放的修剪措施。如在整形修剪连翘时，为了形成潇洒飘逸的树形，在树冠的上方往往甩放 3~4 条长枝，远远地观赏，长枝随风摆动，效果极佳。

（5）伤

用各种方法损伤枝条的韧皮部和木质部，以达到削弱枝条的生长势、缓和树势的方法称为伤。伤枝多在生长期内进行，对局部影响较大，而对整个树木的生长影响较小，是整形修剪的辅助措施之一，主要的方法有：

①环状剥皮（环剥）。用刀在枝干或枝条基部的适当部位，环状剥去一定宽度的树皮，以在一段时期内阻止枝梢碳水化合物向下输送，有利于环状剥皮上方枝条营养物质的积累和花芽分化，这适用于发育盛期开花、结果量小的枝条（图2-5）。

剥皮宽度要根据枝条的粗细和树种的愈伤能力而定，为枝直径的 1/10 左右

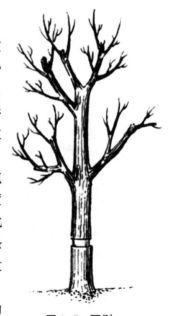

图2-5　环剥

（2~10毫米），过宽伤口不易愈合，过窄则愈合过早而不能达到目的。环剥深度以达到木质部为宜，过深伤及木质部会造成环剥枝梢折断或死亡，过浅则韧皮部残留，环剥效果不明显。实施环剥的枝条上方需留有足够的枝叶量，以供正常光合作用之需。

环剥是在生长季应用的临时性修剪措施，通常在开完花或结完果后进行，在冬剪时要将环剥以上的部分逐渐剪除，所以在主干、中干、

主枝上不采用。伤流过旺、易流胶的树一般不采用。

②刻伤。用刀在芽（或枝）的上（或下）方横切（或纵切）而深及木质部的方法。刻伤常在休眠期结合其他修剪方法施用。主要方法有：

a. 目伤。在芽或枝的上方刻伤，伤口形状似眼睛，伤及木质部以阻止水分和矿质养分继续向上输送，以在理想的部位萌芽抽枝，反之，在芽或枝的下方刻伤时，可使该芽或该枝生长势减弱，但因有机营养物质的积累，有利于花芽的形成。

b. 纵伤。指在枝干上用刀纵切而深达木质部的方法，目的是减小树皮的机械束缚力，促进枝条的加粗生长。纵伤宜在春季树木开始生长前进行，实施时应选树皮硬化部分，小枝可行一条纵伤，粗枝可纵伤数条。

c. 横伤。指对树干或粗大主枝横切数刀的刻伤方法。其作用是阻滞有机养分的向下输送，促使枝条充实，有利于花芽分化达到促使开花、结实的目的。作用机理同环剥，只是强度较低而已。

③折裂。为曲折枝条使之形成各种艺术造型，常在早春芽萌动时期进行。先用刀斜向切入，深达枝条直径的 $1/3 \sim 2/3$ 处，然后小心地将枝弯折，并利用木质部折裂处的斜面支撑定位，为防止伤口水分损失过多，往往在伤口处进行包裹。

④扭梢和折梢（枝）。多用于生长期内，将生长过旺的枝条，特别是着生在枝背上的徒长枝，扭转弯曲而未伤折者称扭梢，折伤而未断者则称折梢。扭梢和折梢均是部分损伤传导组织以阻碍水分、养分向生长点输送，削弱枝条长势以利于短花枝的形成。

（6）变

变是指变更枝条生长的方向和角度，以调节顶端优势为目的整形措施，并可改变树冠结构。有屈枝、弯枝、拉枝、抬枝等形式，通常结合生长季修剪进行，对枝梢施行屈曲、缚扎或扶立、支撑等技术措施。直立诱引可增强生长势；水平诱引具中等强度的抑制作用，使组织充实、易形成花芽；向下屈曲诱引则有较强的抑制作用，但枝条背上部易萌发强健新枝，须及时去除，以免适得其反。

（7）其他方法

①摘心。是摘除新梢顶端生长部位的措施，摘心后削弱了枝条的顶端优势，改变营养物质的输送方向，有利于花芽分化和结果。摘除顶芽可促使侧芽萌发，从而增加分枝促使树冠早日形成。而适时摘心，可使枝、芽得到足够的营养，充实饱满，提高抗寒力（图2-6）。

②抹芽。把多余的芽从基部抹除，称抹芽或除芽。此措施可改善留存芽的养分供应状况，增强其生长势。如行道树每年夏季对主干上萌发的隐芽进行抹除，一方面为了使行道树主干通直，不发分枝，以免影响交通；另一方面为了减少不必要的营养消耗，保证行道树健康地成长。又如

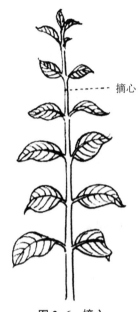

摘心

图 2-6　摘心

芍药通常在花前疏去侧蕾，使养分集中于顶蕾，以使顶端的花开得大而且色艳。有的为了抑制顶端过强的生长势或为了延迟发芽期，将主芽抹除，而促使副芽或隐芽萌发。

③摘叶。带叶柄将叶片剪除，称为摘叶。摘叶可改善树冠内的通风透光条件。对观果的树木，可使果实充分见光，着色好，增加果实的美观程度，从而提高观赏效果；对枝叶过密的树冠，进行摘叶有防止病虫害发生的作用。

④去蘖（又称除萌）。榆叶梅、月季等易生根的园林树木，生长季期间随时除去萌蘖，以免扰乱树形，并可减少树体养分的无效消耗。嫁接繁殖树，则须及时去除其上的萌蘖，防止干扰树性，影响接穗树冠的正常生长。

⑤摘蕾。实质上为早期进行的疏花、疏果措施，可有效调节花果量，提高存留花果的质量。如杂种香水月季，通常在花前摘除侧蕾，而使主蕾得到充足养分，开出漂亮而肥硕的花朵；聚花月季，往往要摘除侧蕾或过密的小蕾，使花期集中，花朵大而整齐，观赏效果增强。

⑥断根。将植株的根系在一定范围内全部切断或部分切断的措施，断根后可刺激根部发生新的须根，所以在移栽珍贵的大树或移栽山野自生树时，往往在移栽前1~2年进行断根，在一定的范围内促发新的须根，有利于移栽成活。

### 3. 修剪注意问题

#### （1）剪口状态

剪口向侧芽对面微倾斜，使斜面上端与芽端基本平齐或略高于芽尖0.6厘米左右，下端与芽的基部基本持平，这样的剪口面积小，创面不致过大，很易愈合，而芽的生长也较好。如果剪口倾斜过大，则伤痕面积大，水分蒸发多，并且影响对剪口芽的养分和水分的供给，会抑制剪口芽的生长，而下面一个芽的生长势则得到加强，这种切口一般只在削弱树的生长势时采用。如果剪口芽的上方留一小段桩，这种剪口因养分不易流入小桩，剪口很难愈合，常常导致干枯，影响观赏效果，一般不宜采用。

#### （2）剪口芽的选择

剪口芽的强弱和选留位置不同，生长出来的枝条强弱和选留位置不同，枝条姿势也不一样。剪口芽留壮芽，则发壮枝；剪口芽留弱芽，则发弱枝。

背上芽易发强旺枝，背下芽发枝中庸。剪口芽留在枝条外侧可向外扩张树冠，而剪口芽方向朝内则可填补内膛空位。为抑制生长过旺的枝条，应选留弱芽为剪口芽；而欲使弱枝转强，则剪口需选留饱满的背上壮芽。

#### （3）大枝剪除

将枯枝或无用的老枝、病虫枝等全部剪除时，为了尽量缩小伤口，应自分枝点的上部斜向下部剪下，残留分枝点下部凸起的部分伤口不大，很易愈合，隐芽萌发也不多；如果残留其枝的一部分，将来留下的一段残桩枯朽，随其母枝的长大，渐渐陷入母枝组织内，致伤口迟迟不愈合，很可能成为病虫的巢穴。

回缩多年生大枝时，往往会萌生徒长枝，为了防止徒长枝大量抽生，可先行疏枝和重短截，削弱其长势后再回缩。同时剪口下留弱枝，有助于生长势缓和，可减少徒长枝的发生。如果多年生枝较粗必须用锯子锯除，则可先从下方浅锯伤，然后再从上方锯下，可避免锯到半途因枝自身的重量向下而折裂，造成伤口过大，不易愈合。由于这样锯断的树枝伤口大而表面粗糙，因此还要用刀修削平整、以利于愈合。为防止伤口的水分蒸发或因病虫侵入而引起伤口腐烂，应涂保护剂或用塑料布包扎。

## 四、整形修剪程序

### 1. 总体操作程序

园林树木修剪的总体操作程序：概括起来即"一知、二看、三剪、四拿、五处理、六保护"。一知：参加修剪的全体技术人员，必须掌握操作规程、技术规范、安全规程及特殊要求。二看：修剪前先绕树观察，对树木的修剪方法做到心中有数。三剪：根据因地制宜、因树修剪的原则，做到合理修剪。四拿：修剪下来的枝条，及时拿掉，集体运走，保证环境整洁。五处理：剪下的枝条要及时处理，防止病虫害蔓延。六保护：疏除大枝、粗枝，要保护乔木。

根据修剪方案，对要修剪的枝条、部位及修剪方式进行标记。然后按先剪下部、后剪上部，先剪内膛枝、后剪外围枝，由粗剪到细剪的顺序进行。一般先从疏剪入手，把枯枝、密生枝、重叠枝等先行剪除；再按大、中、小枝的次序，对多年生枝进行回缩修剪；最后，根据整形需要，对1年生枝进行短截修剪。修剪完成后尚需检查修剪的合理性，有无漏剪、错剪，以便更正。

### 2. 基本操作原则

修剪时应遵循"从整体到局部，由下到上，由内到外，去弱留强，去老留新"的基本操作原则。剪口平滑、整齐，不积水，不留残桩。大枝修剪应防止枝重下落及撕裂树皮。及时剪除病虫枝、干枯枝、徒长枝、倒生枝、阴生枝。及时修剪偏冠或过密的树枝，保持均衡、通透的树冠。

　　修剪时切不可不加思考，漫无次序，不按树体构成规律地乱剪。应根据被修剪树木的树冠结构、树势、主侧枝的生长等情况进行观察分析，根据修剪目的及要求，制定具体修剪方案。

　　从事修剪的人员，要懂得树木的生物学特性以及技术规范，安全操作。修剪树木时，首先要观察分析树势是否平衡，如果不平衡，分析是上强（弱）下弱（强），还是主枝之间不平衡，并要分析造成的原因，以便采用相应的修剪技术措施。如果是因为枝条多，特别是大枝多造成生长势强，则要进行疏枝。在疏枝前先应决定选留的大枝数及其在骨干枝上的位置，将无用的大枝先剪掉，如果先剪小枝和中枝，最后从树形要求上看，发现这条大枝是多余的、无用的，留下既妨碍其他枝条的生长，又有碍树形，这时再锯除大枝，前面的工作等于是无效的。待大枝调整好以后再修剪小枝，宜从各主枝或各侧枝的上部起，向下依次进行。在这时特别要注意各主枝或各侧枝的延长枝的短截高度，通过各级同类型延长枝长度相呼应，可使枝势互相平衡，最后达到平衡树势的目的。

　　对于一棵树，一定要按技术修剪，应先剪下部，后剪上部；先剪内膛枝，后剪外围枝。几个人同时修剪一棵树，更应注意按照制订的修剪方案分工负责。如果树体高大，则应有一个人负责指挥，其他人要积极配合，绝不能各行其是。修剪时要注意安全，一方面是修剪人员本身对空中电线及梯子、锯、剪等的使用要注意，修剪人员必须都配备安全保护装备；另一方面是对作业树木下面或周围行人与设施的保护，在作业区边界应设置醒目的标记，避免落枝伤害行人，要注意过往行人及车辆的安全。要及时清理修剪下来的枝条，确保安全和环境整洁。当几个人同剪一棵高大树体时，应有专人负责指挥，以便高空作业时的协调配合。

　　过去一般采用把残枝等运走的办法，现在则经常应用移动式削片机在作业现场就地把树枝粉碎成木片，可节约运输量并可再利用残枝。

## 五、修剪伤口保护

树木修剪是必不可少的重要工作，应以不伤或少伤健康组织为原则，满足创面光滑、轮廓匀称、保护树木自然防御系统的要求。

树木伤口的处理与敷料是为了促进愈伤组织的形成，加速伤口封闭和防止病原微生物的侵染。

### 1. 伤口修整

#### （1）损伤树皮的修整

如果只是树皮受到破坏，形成层没有受到损伤，仍具有分生能力，应将树皮重新贴在外露的形成层上，用平头钉或橡胶塑料带钉牢或绑紧，一般不使用伤口涂料，但应在树皮上覆盖 5 厘米厚的湿润而干净的水苔，用白色的塑料薄膜覆盖，上、下两端再用沥青涂料封严，以防水保湿。覆盖的塑料薄膜和水苔应在 3 周内撤除。

对于树皮较厚、只有表层损伤、不妨碍形成层活动的伤口，如果立即用干净的麻布或聚乙烯薄膜覆盖，就可较快地愈合。如果形成层甚至木质部损伤，应尽可能按照伤口的自然外形修整，顺势修整成圆形、椭圆形或梭形，尽量避免伤及健康的形成层。当创面的形成层陈旧时，应从伤口边缘切除枯死或松动的树皮，同样应避免伤及健康组织。当树干或大枝受冻害、灼伤或遭雷击时，不易确定伤口范围，最好待生长季末容易判断时再行修整。

#### （2）疏剪伤口的修整

疏剪是从树干或母枝上剪除非目的枝条的方法。疏除大枝的最终切口都应在保护枝的前提下，适当靠近树干或母枝，绝不要留下长桩或凸出物，切口要平整，不应撕裂，否则会积水腐烂，难以愈合。伤口的上、下端不应横向平切，而应成为长径与枝（干）长轴平行的椭圆形或圆形，否则伤口愈合比较困难。

此外，为了防止伤口因愈合组织的发育形成周围高、中央低的积水盆，修整较大的伤口时应将伤口中央的木质部修整成凸形球面，这样可预防木质部的腐烂。

## 2. 伤口敷料的作用和种类

关于敷料的作用，看法并不完全一致。有人认为虽然现在涂料在促进愈伤组织的形成和伤口封闭上发挥了一定的作用，但是在减轻病原微生物的感染和蔓延中并没有很大的价值。有些研究结果表明，虽然有些涂料如羊毛脂等确实可以促进愈合体的形成，但是对于防止木材寄生微生物向深层侵染作用很小。许多涂料能刺激愈合组织的形成，但愈合组织的形成与腐杇过程没有什么关系。树木的大伤口很少完全封闭。有的伤口外表好像已经封闭，但仍可能有很细的裂缝。研究认为，过去使用的伤口涂料很少能保持 1 年以上，中间经过风吹、日晒和雨淋等作用，最终都将开裂和风化。

另有研究认为，涂料的性能和涂刷质量成为是否使用伤口涂料和如何发挥涂料作用的关键。理想的伤口涂料应能对处理创面进行消毒，防止木腐菌的侵袭和木材干裂，并能促进愈伤组织的形成；涂料还应使用方便，能使伤口过多的水分渗透蒸发，以保持伤口的相对干燥；漆膜干燥后应抗风化、不龟裂。伤口的涂抹质量要好，漆膜薄、致密而均匀，不要漏涂或因漆膜过厚而起泡。形成层区不应直接使用伤害活细胞的涂料与沥青。涂抹以后应定期检查，发现漏涂、起泡或龟裂要立即采取补救措施，这样才能取得较好的效果。

常用的伤口涂料一般有以下几种：

①伤口消毒剂与激素。经修整后的伤口，应用 2%～5% 的硫酸铜溶液或 5% 石硫合剂溶液消毒。如果用 0.01%～0.1% 的萘乙酸涂抹形成层区，可促进伤口愈合组织的形成。

②紫胶漆。它不会伤害活细胞，防水性能好，常用于伤口周围树皮与边材相邻接的形成层区，而且使用比较安全。紫胶的酒精溶液还是一种好的消毒剂。但是单独使用紫胶漆不耐久，还应用其他伤口涂料覆盖。

③杂酚涂料。这是处理已被真菌侵袭的树洞内部大创面的最好涂料，但对活细胞有害，因此在表层新伤口上使用应特别小心。普通市售的杂酚是消灭和预防木腐菌最好的材料，但除煤焦油或热熔沥青以外，多数涂料都不易与其黏着。像杂酚涂料一样，杂酚油对活组织有

害，主要用于心材的处理。

此外，杂酚油与沥青等量混合也是一种涂料，而且对活组织的毒性没有单独使用杂酚油那样大。

④接蜡。用接蜡处理小创面效果很好。固体接蜡是用 1 份兽油（或植物油）加热煮沸，加入 4 份松香和 2 份黄蜡，充分熔化后倒入冷水配制而成的。这种接蜡用时要加热，使用不太方便。液体接蜡是用 8 份松香和 1 份凡士林（或猪油）同时加热熔化以后稍微冷却，加入酒精（乙醇）至起泡且泡又不过多而发出"滋滋"声时，再加入 1 份松节油，最后再加入 2~3 份酒精，边加边搅拌配制而成。这种接蜡可直接用毛刷涂抹，见风就干，使用方便。

⑤沥青涂料。这一类型的涂料对树体组织的毒害比水乳剂涂料大，但干燥慢，较耐风化。其组成和配制方法是：固体沥青在微火上熔化，每千克加入约 2500 毫升松节油或石油，充分搅拌后冷却。

⑥羊毛脂涂料。用羊毛脂作为主要配料的树木涂料，在国际上得到了广泛的发展。它可以保护形成层和皮层组织，使愈伤组织顺利形成和扩展。

⑦房屋涂料。外墙使用的房屋涂料是由铅和锌的氧化物与亚麻仁油混合而成的，涂刷效果很好。但是它不像沥青涂料那样耐久，同时对幼嫩组织有害，因此在使用前应预先涂抹紫胶漆。

需要注意的是，木材干裂的大伤口是木腐菌侵袭的重要途径。这类伤口特别是木质部完好的伤口，除正常敷料外，应把油布剪成大于伤口的小块，牢牢钉在周围的健康树皮上，可进一步防止木材开裂而导致腐朽。

涂抹工作结束后，为了保证获得较好的效果，无论涂料质量好坏，都应对处理伤口进行定期检查。一般每年检查和重涂 1~2 次。发现涂料起泡、开裂或剥落就要及时采取措施。在对旧伤口重涂时，最好先用刷子轻轻去掉全部漆泡和松散的漆皮，除愈合体外，其他暴露的创面都应重新涂抹一次。

# 第三章
# 苗圃苗木整形修剪技术

## 一、苗木的整形原则

以树种的生长习性与其在园林中的功能用途结合为原则进行园林苗木整形。经过整形后的苗木应具有合理的树体结构、健壮的树势和优美的树形。

### 1. 按苗木生长类型整形

园林苗木从生长类型角度可大致分为乔木、灌木和藤本三大类。不同生长类型的苗木具有不同的树形，相应其整形要求也不同。

（1）乔木类苗木

在保留其明显主干的同时也要考虑分枝习性。单轴分枝的苗木，干性强，宜采用有中心的树形；合轴分枝和假二杈分枝的苗木，中心干不易建立，宜采用多主枝的树形；对于干性弱的小乔木类苗木，宜采用自然开心形，有时也可采用多主枝形。

（2）灌木类苗木

多丛生，无主干或主干不明显。若为大型灌木，可采用多主干式整形，中小型灌木可采用灌丛式整形。

（3）藤本类苗木

多具吸根、卷须或缠绕茎等攀附器官，依附于支撑物生长，无固定树形。

## 2. 按园林用途整形

（1）花木类

花木类树木以观花为主，能够独立成景。按其生长类型可采用多种整形方式：灌木类花木常采用多主干形或灌丛形，如连翘等；小中型乔木类多采用自然开心形为主，如榆叶梅、蜡梅等；顶梢发达、树体高大者可采用自然直干式整形，如木瓜等。

（2）叶木类

叶木类树木以观叶为主，叶形或叶色具观赏价值的乔木和灌木均属于叶木类树木。在园林中，有的可兼作行道树或庭荫树，也可作地被植物或绿篱。灌木类多采用灌丛形，如八角金盘等；萌发力强的苗木可采用球状整形，如大叶黄杨、小叶黄杨等；小、中型苗木多以自然开心形为主，如美国红枫等；树体高大的苗木采用自然直干形或多主枝形，如女贞等。

有时同一种苗木在园林中可能会有不同的用途。如香樟既可用作庭荫树也可用作行道树，虽用途不同但功能相似，对苗木整形要求亦相似。也有因用途不同，整形要求也不同，如罗汉松既可用作绿篱，也可布置于庭园，此时对整形要求也就不同。所以整形必须以实际用途为前提。

（3）行道树

行道树种植于道路两侧，要求其起提供庇荫和美化街道功能，需要具有通直的主干和高大的树体。所以行道树类苗木整形应以自然直干形、多主枝形和高干杯状形为主，如银杏、毛白杨和悬铃木等。

（4）庭荫树

在园林中，庭荫树的应用最为广泛，要求其能够营造浓荫的环境，需要具有茂盛的枝叶、庞大的树冠，所以庭荫树类苗木应具挺拔主干和自然形树冠。整形应以自然直干形或多主枝形为主。

（5）绿篱类

绿篱类树木可修剪成各种造型并能相互组合，还能起到隔离防护等作用。依修剪整形可分为自然式和规则式，前者只需修剪少量以调节生长势，后者则需定期进行整形修剪，以保持形状。为了保持绿篱基部光照充足，枝叶繁茂，其断面常剪成正方形、长方形、梯形、圆顶形、斜坡形等。修剪的次数因树种生长情况及地点不同而异。

## 二、苗木常见整形方式

### 1. 自然直干形

自然直干形是整形中应用最为广泛的树形，是人工与自然整形的结合。其外形是主干和中心干挺直，在中心干上配列较多疏散分布的主枝，有着适当的冠高比和枝下高，在主干和中心干的分枝点以上培育自然冠形。

自然直干形适用于顶端优势强、单轴分枝型乔木树种。由于苗木在生长期具备较强顶端优势，所以少数合轴分枝和假二杈分枝的树种也可整形成自然直干形，如榆树、七叶树等。可根据园林用途不同保留其高干或低干。

低干时，主干高度低于 1 米，枝下高较小，主枝为低位分枝。其外形为全冠形，主干低矮，树冠高度相当于全树高度。此整形方式能够展示树形特点，宜作园林孤赏，适用于松柏类和名贵常绿阔叶树类。在整形过程中为使中心干逐年向上生长延伸高度，形成自然冠形，要注意保护顶梢和顶芽。注意保持合理的枝下高，对树冠下部枝条以不触地为原则，不宜修高。同时为防止出现双头或多干现象，中心干需要每年剪除竞争枝、重叠枝、过密枝、徒长枝等有碍树形的枝条，可选留 3~5 个分布均匀的主枝。代表树种如圆柏、雪松。

高干时，主干高度高于 1 米，有着充分的枝下高，主干为高位分枝，适用于庭荫树和行道树类大形苗木。此树形要求具备较高的主干，主干最低值为 1 米，若作行道树最低值为 2.5 米。普遍的方法为逐年修枝养干法，即在育苗过程中，自下而上地逐对主干修枝或抹芽，去

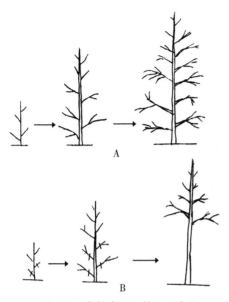

**图 3-1　自然直干形整形示意图**
A. 低干整形　B. 高干整形

除主干上最低的枝条，不断提高苗木枝下高直至达定干高度时止。强度每年以不超过树高的 1/2 为宜。要注意对顶梢的顶芽进行保护以维持顶端优势，使其不断向上生长，对树冠的修剪与低干形类似。代表树种有杨树、水杉等苗木（图 3-1）。

## 2. 自然开心形

自然开心形无中心干但中心不空，其主枝上 3 个左右分枝较低，左右相互错落分布。这种树形充分利用中心空间，树冠立体化，有利于多开花结果，适宜大部分观花、观果苗木。

首先苗木定干，之后选留 3 个主枝，适当时进行短截以促发新枝，每个分枝再保留 3 个左右枝条即形成基本构架。一般 3~4 年内可完成整形。具体方法如下：

定干高度依树种而定。大型观花树，定干可高；小型树可降低高度，通常在 1.2 米左右。如梅花幼年期较短，1 年生苗达到 70 厘米左右可将其上部枝梢全部剪去进行定干。弱苗略低，壮苗可稍高，在剪口下若有二次枝，应自基部疏除，以集中萌发健壮新枝，剪口以下的20 厘米左右处称为整形带。

定干当年，芽萌发后，如果整形带内芽太密，选留各个方向的新梢 7 个左右，其余抹去。当新梢长到 50 厘米左右时，选与主干的夹角适宜、水平分布均匀、上下有一定间距的健壮枝 3 个左右作主枝培养，其余除去。当年冬季对选留的主枝以轻剪为主，目的为迅速扩大树冠形成基本骨架，一般剪去枝长的 1/3 左右（因品种不同而有差异）。若主枝角度适宜，则剪口芽留侧芽，为了合理配备主枝上的侧枝，三大主枝的剪口芽方向要一致，即若在左侧都在左侧。若角度过小，则剪口芽留下芽。若分枝角度过大，则剪口芽留上芽，使其延长枝改变角度。

主枝在冬季短截后第二年春季会萌发很多新梢，要及时抹除直立枝和过密枝，选留培养长势适中、方向及位置适当的侧枝。对辅养枝要进行适当的抹芽和疏枝，防止枝梢过密。

定植两年后根系逐步强大，树木长势逐步变旺，其主枝延长枝的剪留长度也要相应加长。要使树冠迅速扩大，需在冬季对主枝先端短截，剪口芽要与上一年剪口芽方向相反，即若上年剪口芽在右侧，那么今年剪口芽就在左侧。在主枝离树干30厘米左右处选留第一侧枝，并且要同级侧枝在同一个方向上，避免交叉。及时疏除过密枝、病虫枝、枯死枝。

在第三年生长季，为利于早开花，要在剪口下萌发出的枝条中尽量选留平斜枝，疏除直立枝和过密枝。冬季的主要修剪任务是培养主、侧枝。修剪宜轻。为促发壮枝，需适当加长主枝的延长枝头短截时的保留长度，培养必要的侧枝；为促生花枝，要根据生长势的强弱对侧枝的延长枝进行不同程度的短截。侧枝上萌发的枝条通常上部为长枝，下部为中短枝，并有花芽着生。修剪这些枝条时需要疏除过密枝和背下枝，中短枝甩放，长枝隔一枝短截一枝，以利于形成开花枝组，及时疏除扰乱树形的徒长枝、过密枝等。

第四年通过修剪继续调整骨干枝的长势，扩大树冠，以形成良好的冠形。夏季抹除枝上过密的芽及主干上的萌蘖。冬季修剪，以轻剪长放为主，要尽快扩大树冠。主枝的延长枝头留侧芽进行与前一年的方向相反的轻剪，使其曲折发展；侧枝延长枝进行适度短截；其他部位的营养枝根据空间大小遵循强枝轻剪、弱枝重剪的原则疏除过密枝。对于花枝，过密的花枝疏除；中短花枝选留3个左右饱满芽短截，若空间大，中短花枝也可不剪；对长花枝留8个左右芽短截，以培养开花枝组。此时已修剪为自然开心形树体（图3-2）。

### 3. 杯状形

杯状形无中心干，在一定高度的主干上配置三大主枝，各主枝上配置 2 个侧枝，每个侧枝上再分生 2 个枝条，从而形成三股六杈十二枝的杯状构架，修剪方法类似于自然开心形（图 3-2）。

此树形的树冠中心通透，扩展开张，同样可分为高干形和低干形两种。前者主干高达 3 米左右，适用于行道树，如悬铃木等；后者主干高达 1 米左右，适用观花乔木类，如榆叶梅等。这种整形可使树形整齐、树冠扩张、无内向枝和交叉枝，一般 2~3 年即可完成。

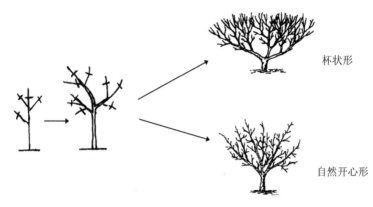

杯状形

自然开心形

**图 3-2　自然开心形与杯状形整形示意图**

低干的杯状形是在树干 70 厘米左右短截树干，高干的可以根据需要先培养适当高度的主干，在比干高长 20 厘米左右处短截，具体培育方法可参照多主枝形所述高干养成法。分枝点上部剪截，在春季萌发新枝后选留 3 个强壮而平等开展于 3 个方向的枝作主枝，主枝间水平夹角为 120°，与主干呈 45°，3 个主枝到冬季达目标长度后，再短截促使分枝，剪口下 2 个芽要位于左右两侧，翌年春季形成 2 个侧枝，冬季再对每个枝头继续短截，最先端 2 个芽仍位于左右两侧，每个侧枝留 2 个枝头。这样就构成三股六杈十二枝的基本树形，在生长季要注意调整枝条长势，保持树势平衡。

## 4. 多主干形

其树形特点为植株自基部近地面处开始具多个主干，形成三干、五干甚至多干状，干上适当配置主枝和侧枝。这种整形适用于大型灌木类观花和观叶苗木，如木槿、珍珠梅等；有些分枝力强的小乔木类观花树种，为增加开花量、扩大树冠，通常采用多干形，如紫薇、蜡梅等。

多主干形的整形方法为在其小苗定植第一年不必修剪，任其自然生长，使根系充分发展。等到第二年冬季可将地上部进行短截，待春季萌发后选留粗壮枝 5 枝左右作为主干，主干应具明显的水平层次而又彼此不交叉的树冠外形，如侧枝应错落，有高低分布。2~3 年就可完成整形（图 3-3）。

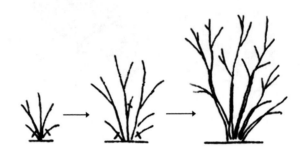

图 3-3　多主干形整形示意图

## 5. 垂枝形

垂枝形这种树形要求具备一段较高而挺拔的主干，树冠要求匀称圆满，外形像伞。其适用于特定的树种，如垂枝榆、龙爪槐等，大部分是原树种的垂枝品种，枝条生长大部分向下延伸呈下倒垂状。此类树木进行整形时要注意养砧和养冠。

要培育垂枝形苗木，先要养成高干的砧木，具体过程首先要培养原树种苗木作为砧木，然后进行高位嫁接。养砧参照前述各种养干法进行。干的情况决定砧木的高度。若砧木欠高大，嫁接后的苗木生长缓慢；砧木愈粗壮，嫁接后易于长高增粗，苗木生长愈旺盛。通常砧木主干胸径应在 3 厘米以上。因为垂枝形苗木枝条下垂生长，需要养成丰满的树冠，所以必须促使生长。解决方案是在其冬季休眠期间进行修剪短截。首先，设定好修剪水平线；然后，沿水平线高度剪截所有枝条。通常的方法是重短截，各枝剪口芽大致在水平线上下，留外向芽或上向芽为选口芽，使抽生的新枝能向外侧或上侧方向生长。注意不断调整枝条的生长方位，填补空隙，从而使各留存枝条均能向外辐射生长。逐年增加冠幅，应剪除树冠内部的病虫枝、细弱枝、交叉枝等。注意凡砧芽或主干上发生的萌蘖都要及时摘除。3～4 年可培育出伞状树冠。为提早使树冠形成，嫁接时可多品种高接于树，也可一树多枝多头高接（图 3-4）。

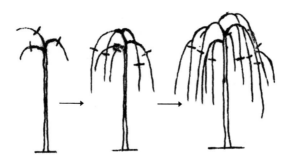

图 3-4　垂枝形整形示意图

## 6. 多主枝形

多主枝形与自然直干形的区别主要在于没有明显的中心干。但其具明显的主干，主干达定干的高度后可选留 4 个左右主枝向上自然延伸，并在其上留养侧枝。此树形扩展开张、覆盖面大，适用于合轴分枝和假二权分枝习性的乔木类苗木（图 3-5）。可根据园林用途不同保留其高干或低干。

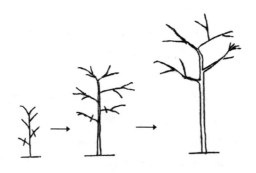

图 3-5　多主枝形整形示意图

　　在保留低干时，适用于常绿类小乔木，如桂花、茶花等，主干高度最低为 1 米。此树形需要将冠高比保持在 2/3 左右，方法为：在第一年培养主干向上直立生长，将树冠下部枝条逐年剪除，对树冠中上部以疏剪过粗枝为主。在达定干高度后，选留主干上 4 个左右分布均匀的枝条作分枝，再选留外展侧枝，使形成树冠中部主枝为最高的自然冠形。树冠内枝条互不交叉，形成内高外低形式。高干时适用于行道树和庭荫树，如栾树、合欢、马褂木等大型落叶树类。此类苗木整形主要在于主干的培育。由于苗木当年生长量常达不到定干高度，顶端优势不明显，顶芽常不发，多是侧枝生长旺盛，难以形成直立的主干，如无患子、珊瑚朴等苗木，所以此类树种常采取接干、密植、截干等方法来养干。

　　若苗木主干当年生长达不到定干高度，则需要第二年继续培养。许多苗木顶梢部位的芽常不充实或顶芽遭受损害，此时就应另选留壮芽培育，采取截干养干的方法。通常在休眠期修剪时选择另一芽作为剪口芽进行短截，多为自顶梢向下 20~30 厘米处的饱满充实芽。待此剪口芽萌发后再加以扶正，使其直立向上生长作为接干。如果未达到定干高度，则在下一年可继续接干，需要注意留芽方向要与第一次相反，以保证接干生长不偏离主轴。在生长过程中必须及时剪除干扰主梢生长的竞争枝或并生枝以及主干上萌发的枝条等，以全力促进主干直立生长。本法适用于常规方法较难养成通直主干的树种，如垂柳等苗木。

　　若苗木在幼苗期其顶端优势强盛，可在定植时适当进行密植，采取密植养干的方法。同时配合肥水管理来加速苗木生长，形成通直主干。需要注意的是，为避免影响树冠发育，密植不能过度。常采用的方法为：当主干达一定高度后就要及时抽稀，抽一行留一行，即一部分移植，另一部分继续留床培育，从而扩大了留床的苗木株间距，不会影响到根系，有利于苗木提早成形，快速生长。当留床的苗木树冠达到郁闭后，为不致影响树冠发育，通常一年后就进行移植分栽。

　　当年生长高度达 3 米时，可采用截干养干的方法。此法普遍适用于萌芽力强的落叶类苗木，如无患子、合欢等。具体方法为：苗木定植培育当年，地上部分任其自然生长，发展根系，不做修剪。第二年冬季将地上部春季的萌发芽剪去，即在地面近基部处截干后，选留一强壮新枝作培养主干用，其余枝条全部剪除。生长期间加强肥水管理，促主干生长。当达到定干高度后，可选留主枝培育树冠；若需继续培养干高，可选留强壮主干延长枝，使生长达目标要求。习惯于在苗木定植后，第一年先养根不截干，第二年先截干后养干。根系发达的树种或在土壤肥力良好的情况下，苗木定植当年就可截干，同时加强抚育，也可获得良好效果。

高干苗木需逐年培育养成，通常干高 3 米左右的苗木需 3~4 年养成。可以结合多种方法进行养干。以七叶树苗木为例：第一年可截干定植，第二年剪枝接干，第三年适当稀疏分栽培养树冠，第四年即可达出圃要求。

高干苗木选定干高后，树冠整形与低干苗木类似。苗木高干的养成方法适用于多种苗木整形，如自然开心形、垂枝形及杯状形等乔木类苗木。若灌木类苗木需培养高干形或单干形，也可参照上述进行，如花石榴、单干紫薇、金银木等，能随之有效提高它们的观赏价值。

## 7. 球形

有一段较低矮的直立主干，其上分生多个主枝和无数侧枝，外形为较规则的圆球形或半球形（图3-6）。此形适用于生长较慢、枝叶稠密的常绿灌木。采用此树形的苗木主侧枝生长密集、相互错落，枝叶繁密，树冠圆满，具有很好的观赏效果。如黄杨、紫叶小檗、龙柏、侧柏等。

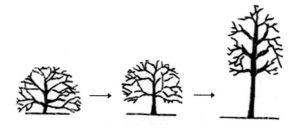

图 3-6　球形整形示意图

培育球形树冠需在小苗定植时进行修剪。当苗高 30 厘米左右时截顶，以促使分枝。在主干上均匀选留 4 个左右较粗壮的侧枝，每个侧枝保留 20 厘米摘梢，再次促使分枝。第一年可养成基本构架。为使树冠逐步形成枝叶紧密的球状，之后全年需进行 3 次左右摘梢，每当新梢长达 10 厘米时留 4 厘米左右摘梢。经过连续 2 年或 3 年生长期摘梢后，树冠球径可达 50 厘米；若要达 1 米及以上，需视苗木生长速度而延长培育时间。

除必要的整形操作外，同时需要注意植株培育时有充裕的株行距，才能养成球形树冠，促进球形均匀、丰满整齐地生长。修剪苗木下部枝条时必须慎重，为避免出现下角缺损影响观赏价值，要以少剪或不剪为原则。

### 8. 藤蔓形

藤本苗木因其缠绕或攀缘生长的习性，通常依附支撑物生长，无固定外形的树冠。如紫藤、爬山虎等。

在苗木期间以培育主蔓为主。养成粗壮主蔓的方法为：第一年地上部可不剪，任其生长，促进根系发育；第二年截去地上部，促进重新发枝。小型藤本可适当多留主蔓；大型藤本可选留 1 条主蔓。主蔓若贴地生长，容易节节生根从而影响主蔓增粗，难成大苗。因此，适宜采用立架培育，修剪除去下部枝条，使其向上生长；第二年对主蔓上部进行中度短截，促进较强侧枝生长，之后选留 3 个左右粗壮枝蔓。当主蔓地茎粗度达 2 厘米，蔓长为 2 米左右时，便可出圃（图 3-7）。

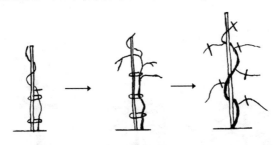

图 3-7　藤本整形示意图

### 9. 灌丛形

灌丛形为上述多主干形的小型化，各枝直茎部丛生，数量众多，主侧枝不明显。多数观叶类灌木或中小型观花灌木常用此形。有的枝条较细软，如棣棠、锦带花等，常呈拱垂形；有的枝条粗壮直立，如红瑞木、黄刺玫等。

在小苗定植当年即可在接近基部处截干促分枝，新枝抽生后，选留粗壮枝6个左右，余枝均可剪除，在第一年可选留10余枝。以后每年可剪除3个左右老枝，选留4个左右新枝，使树冠内高外低，各枝互不相交，灌丛逐年扩大，经过3~4年的整理即完成整形（图3-8）。

图3-8　小灌丛整形示意图

## 三、苗木抚育修剪

苗木在苗圃期间主要根据生长时期、树种的生长特性以及将来的不同用途进行整形修剪。此期间的整形修剪工作非常重要，且在苗期的重点是整形。苗木如果经过整形，后期的修剪就有了基础，容易培养成理想的树形；如果从未修剪任其生长，后期想要调整、培养成优美的树形就很难。所以，必须注意苗木在苗圃期间的整形修剪。

### 1. 繁殖小苗时期的抚育修剪

繁殖小苗时期的修剪要根据树木的生长特性和培育目的进行。要因树造型，进行适量的修剪，使其冠幅丰满，分枝均匀，干冠比例适宜。常采用自然树形。行道树苗木要求主干通直，分枝点高不低于2米，并逐年上移，直到规定干高为止。

（1）嫁接苗的修剪

当年嫁接成活后要及时剪砧，对砧木上萌生的蘖芽及时疏除，以利于集中营养供应接穗生长。

（2）砧木的播种苗的修剪

当高 50 厘米左右时及时除去嫁接部位的萌芽，以利于嫁接并提高成活率。

（3）顶芽较弱、叶片较少的树种的修剪

由于顶芽较弱、叶片较少的树种小苗在幼苗阶段的叶片量小，其萌生的侧枝可以保留至苗高 1 米左右。但当其下部分枝渐多、渐粗时，会影响主干的向高生长，所以需要进行适当疏剪，将影响培养主干的较粗的竞争枝除去。秋季掘苗时上部的枝条留 20 厘米左右短截，以便于掘苗假植，如柳树类。

（4）顶芽发达的速生树种的修剪

顶芽发达的速生树种小苗在繁殖当年需及时将叶腋间的萌蘖芽除去，待小苗生长到 50 厘米左右高时便可开始剥芽，之后苗高每增高 30 厘米左右时便可剥芽一次，直至苗高达 2 米左右时可停止剥芽。苗高 2 米以上的分枝可留作苗冠，如杨树类树种。

（5）养干困难树种的修剪

养干困难树种的树干容易弯曲，所以其繁殖苗需要采取逐年提干法来留床养干。采用 30 厘米左右株距、行距 60 厘米左右进行间苗；为使生长季能够长出直立的延长干，在繁殖苗主干粗壮直立的部位，选取生长状态良好的芽进行短截；将上述修剪连续进行 3 年，逐步提干到 3 米高处分枝点。之后长成苗木的树干干形直立。如栾树等。

但如臭椿、泡桐、刺槐等的繁殖苗，若当年生长高度达不到 2 米，应进行截干，留床一年养干，也可第二年春季移干，通过移植重新培养树干，若当年生长高度可到 2 米，可以带干掘苗假植，第二年春季带干移植。

## 2. 大苗时期的抚育修剪

### （1）乔木大苗的整形培育

在生产实际中，乔木类大苗一般用于行道树、庭荫树等。

①落叶乔木大苗的整形培育。落叶乔木行道树大苗培育的最好条件是：首先，具有高大通直的树干，树干高 2.5～3.5 米，胸径 5～10 厘米；其次，具有完整、紧凑、匀称的树冠；最后，具有强大的根系。庭荫树则依周围环境条件而定，一般干高 1 米左右，主干要求通直向上并延伸成中干，主侧枝从属关系鲜明且均匀分布。

对于乔木树种，特别是顶端优势强的树种，如杨树类、水杉、落叶松苗木，只要注意及时疏去根蘖条和主干 1.8 米以下的侧枝，以后随着树干的不断增加，逐年疏去中干下部的分枝，同时疏去树冠内的过密枝及扰乱树形的枝条。

对于顶端优势较弱、萌芽力较强的树种，如槐作行道树，播种苗当年达不到 2.5 米以上的主干高度，而第二年侧枝又大量萌生且分枝角度较大，很难找到主干延长枝，为此常采用截干法培养主干。具体方法是：在秋季落叶后，将一年生的播种苗按 60 厘米×60 厘米株行距进行移栽；第二年春加强肥水管理，促进苗木快长，并要注意中耕除草和病虫害防治，养成较强的根系。当苗高到 1.5 米，地径 1.5 米时，于秋季在距地面 5～10 厘米处将地上部分全部剪除（平茬），然后施有机肥准备越冬；第三年春季萌芽生长后，随时注意去除多余萌蘖条，选留其中一个既健壮又直立的枝条作为目的枝条进行培养。在风害较严重地方可选留 2 个，到 5 月底枝条木质化后可去一留一。在培育期间注意土肥水管理及病虫害防治，并注意保护主干延长枝，对侧枝摘心以促进主干延长枝生长。这样到秋季苗木高度可达 2.5～3.5 米，达到行道树的定干高度。第四年不动，第五年结合第二次移栽，变成 120 厘米×120 厘米株行距，选留 3～5 个向四周分布均匀的枝条作主枝，翌年在主枝 30～40 厘米处短截，促侧枝生长，形成基本树形，至第七年或第八年即可长成大苗。

②常绿乔木大苗的整形培育。常绿乔木大苗的规格，要求具有该树种本来的冠形特征，如尖塔形、圆锥形、圆头形等；树高 3～6 米，枝下高应为 2 米，冠形匀称。

对于轮生枝明显的常绿乔木树种如黑松、油松、华山松、云杉、辽东冷杉等，这类树种干性强，有明显的中央领导枝，每年向上长一节，分生一轮分枝，幼苗期生长速度很慢，每节只有几厘米至十几厘米，随苗龄增大，生长速度逐渐加快，每年每节可达 40~50 厘米。培育一株大苗（高 3~6 米）需 15~20 年时间，甚至更长。这类树种有明显主梢，而一但遭到损坏，整株苗木将失去培养价值，因此要特别注意主梢。1 年生播种苗一般留床保养 1 年，第三年开始移植，苗高15~20 厘米，株行距定为 50 厘米×50 厘米，第六年苗高 50~80 厘米。第七年以 120 厘米×120 厘米株行距移植，至第十年苗木高度为 1.5~2.0 厘米。第十一年以 4 米×5 米株行距进行第三次移植，至第十五年苗木高可达 3.5~4 米。注意从第十一年开始，每年从基部剪除一轮分枝，以促进高生长。

对于轮生枝不明显的常绿树种如侧柏、圆柏、雪松、铅笔柏等，这些树种幼期的生长速度较轮生枝常绿树稍快，因此在培育大苗时有所不同。1 年生播种苗或扦插苗可留床保养 1 年（侧柏等也可不留床）；第三年移植时苗高 20 厘米左右，株行距可定为 60 厘米×60 厘米，至第五年时苗高为 1.5~2.0 米，第六年进行第二次移植，株行距定为 130 厘米×150 厘米，至第八年苗高可达 3.5~4 米。在培育过程中要注意及时处理主梢竞争枝（剪梢或摘心），培育单干苗，同时还要加强肥水管理，防治病虫害。

在乔木树种培育大苗期间，应注意疏除过密的主枝，疏除或回缩扰乱树形的主、侧枝。

（2）花灌木大苗的整形培育

对于顶端优势很弱的丛生灌木要培养成小乔木状，一般需要 3 年以上的时间。第一年选留中央一根粗而直的枝条进行培养，剪除其余丛生枝；第二年保留该枝条上部 3~5 个枝条作主枝，以中央一个直立向上的枝条作中干，将该枝条下部的新生分枝和所有根蘖剪除；第三年修剪方法类似第二年。这样基本上就修剪成一棵株形规整、层次分明的小乔木。

对于丛生花灌木，通常不将其整剪成小乔木状，而是培养成丰满、匀称的灌木丛。苗期可通过平茬或重截留 3~5 个芽促进多萌条的方法培育多主枝的灌丛。

（3）藤本大苗的整形培育

藤本类如紫藤、凌霄、蔓生蔷薇和木香等，苗圃整形修剪的主要任务是养好根系，通过平茬或重截培养一至数条健壮的主蔓。

（4）绿篱及特殊造型苗木的整形培育

绿篱的苗木要求分枝多，特别要注意从基部培养出大量分枝，以便定植后进行任何形式的修剪。因此至少要重剪两次，通过调节树体上下的平衡关系控制根系的生长，便于以后密植操作。此外，为使园林绿化丰富多彩，除采用自然树形外，还可以利用树木的发枝特点，通过整形及以后的修剪，养成各种不同的形状，如梯形、球形、仿生形等。

### 3. 苗木栽植时期的抚育修剪

苗木栽植前后修剪的目的，主要是减少运输与栽植成本，提高栽植成活率和进一步培养树形，同时减少自然伤害。因此，在不影响树形美观的前提下，栽植前后对树冠进行适度的修剪。

在起苗、运苗、栽植的过程中，不可避免地要伤害根系。由于根系的大量损失，吸收的水分和无机盐相对减少，供给地上部分的水分和营养也相应减少。而此时，地上部分枝叶照常生长和蒸发，如果根的功能不能迅速恢复，则会造成地上与地下部分在水分代谢等方面的平衡遭到破坏，植株会因为地下供应的水分和营养不够生长和消耗之用，饥饿而死亡，造成移植不成功。虽然有些种类在移栽完成以后，顶芽和一部分侧芽能够萌发，但当叶片全部展开后常常发生凋萎，最终苗木死亡，这种萌芽展叶以后又凋萎死亡的现象称为"假活"。因此，在起苗之前或起苗后应立即进行重剪，使地上和地下两部分保持相对的平衡，否则必将大大降低移栽的成活率。此时的修剪应在苗圃整形的基础上进行，进一步调整和完善树形。具体的修剪方法是：首先，将无用的衰老枝、病枯枝、瘦弱枝、徒长枝剪除；其次，应根据栽植树木的干性强弱及分枝习性进行修剪。具体如下：

①具有明显主干的高大落叶乔木应保持原有树形，采用削枝保干的做法，适当疏枝，对保留的主侧枝在健壮芽上短截，可剪去枝条1/4

左右。

②对于无中干的树种，要保证主枝的优势，适当保留其上的侧枝并在饱满芽处进行短截。通常对萌芽力强的可剪得重些，对萌芽力弱的可剪得轻些。

③带土球移植的常绿阔叶树，对树冠轻剪或不剪，只剪除断裂和损伤的枝条。枝叶过于浓密的，在保持原有树形的情况下，可适量疏枝摘叶。

④长绿针叶树，由于萌芽力较差，只剪除病虫枝、枯死枝、过密的轮生枝和下垂枝，一般不宜过多修剪。

⑤对萌芽力较强的部分阔叶树，如槐、香樟等，为提高种植成活率，减轻栽植后的管理难度，可以重剪甚至去冠栽植。

⑥对灌木多进行短截和疏枝，为了尽快起到绿化效果，往往修剪稍轻，做到树冠内高外低、内疏外密。

经过出圃修剪的苗木在其运输和栽植过程中可能出现新的损伤，应根据具体情况进行补充修剪。种植前对苗木根系的修剪，主要是剪除劈裂根、病虫根和过长根。

# 第四章
# 城市树木栽植时的整形修剪技术

在改善城市环境的过程中，大树起着重要作用。为了适应城市园林绿化发展的需要，尽快达到绿化效果，园林绿化中应用的苗木规格趋向于愈来愈大，为了确保大树栽植成活和形成良好景观效果，必须进行合理的修剪。若园林树木修剪不当，一方面会造成栽植成活率低，影响工程的经济效益、环境效益和社会效益，另一方面会导致景观效果差。因此，进行合理的绿化施工修剪很重要。

## 一、栽植时修剪的目的

### 1. 通过修剪保持树体水分代谢的平衡，以确保树木成活

移植树木，不可避免地造成根系损伤，根冠比失调，根系难以补足枝叶所需的水分。为减少水分蒸腾，保持上下部水分平衡，采取对枝叶进行修剪，在提高成活率的同时，仍然可保持较好的景观效果。因此，绿化施工修剪以提高成活率为首要目的，同时要兼顾园林景观效果。

需要远距离运输的落叶阔叶树，为了运输方便，通常不带土团，为了提高成活率，不仅需要在裸根上蘸上泥浆，再用湿草和草袋进行包裹，而且要在装车之前进行适当修剪。一些就地起苗、就地定植的

树苗，则可在定植后结合树冠整形进行重剪。

对于在春季新定植的树木，若早春气温回升过快，为了防止出现萌芽、展叶和抽生新梢的速度快于新根的生长速度而导致凋萎死亡现象，应将树上萌发过早的嫩梢抹掉，也就是所谓的"补偿修剪"。

对于花芽较少而生长旺盛的树木，修剪虽然可促进局部生长，但由于剪去了一部分枝叶，减少了同化作用，一般会抑制整株树木的生长，使全树总生长量减少，这就是通常所说的修剪的双重作用。但是，对花芽多的成年树，由于在修剪中剪去了部分花芽，有更新复壮的效果，反而会比不修剪的树木增加总生长量，促进全树生长。

因此，为了实现栽植修剪的目标，要依据根冠代谢平衡的原理，以及树势、物候期和修剪方法、部位等不同而改变，要具体问题具体分析，灵活操作。

### 2. 培养树形

栽植时的修剪，需要注意树木栽种后能够达到的预期观赏效果。不能为了成活而不考虑景观效果。在形态栽培或恢复严重畸形树木的特有树形时，只有通过整形修剪才能完成。

许多行道树，特别是白蜡、元宝枫等树种，同级枝条的生长速度有明显差异，需要采用短截的方法使其与周围环境相协调。

### 3. 保证树木的健康

剪除病虫枝、枯枝死杈及损伤枝条，通过修剪缩小伤口，有利于根系愈合。剪去活枝可以使树冠通风透光或弥补根系的损失，促进水分与养分的平衡。去掉交叉、重叠枝和妨碍架空管线的枝干，以防止因摩擦损伤发生腐烂。

## 二、栽植时修剪的原则

### 1. 修剪的顺序原则

修剪应按照一定的顺序进行。在一般情况下，最好是先从树木的上部开始，由大到小、由内到外、逐渐向下。这样做不但便于照顾全局，按照要求整形，而且便于清理上部修剪后搭落在下面的枝条。

### 2. 修剪的技术原则

修剪时，一般要求所有的枯死枝、折断枝、病虫枝和交叉枝都要去掉；预计几年内发展趋势不理想的小枝，也应视为交叉枝处理。修剪的切口应平滑、干净。病虫枝及枯死枝应截至健康组织以下的分权处。

在修剪作业中，对于树干和枝条上的死皮都要刮至健康组织。愈合不好的旧伤口要重新切削修整，然后用紫胶漆和树涂剂处理。这对木材防水有利，并因此而最大限度地改变适合病源生长发育和传播的环境。

## 三、栽植时修剪的方法

### 1. 一般树木的栽植修剪方法

要减少地上部分耗水量，可以疏除树冠的一部分枝条。该法主要用于主轴明显、顶端优势强的乔木和丛生灌木，如银杏。落叶乔木疏枝应不伤枝领，针叶常绿树疏枝应留短桩，灌木疏枝剪口应与地面齐。也可适当摘叶减少水分蒸发。剪去劈裂根、冗长根，剪口要平滑（图4-1）。树木栽植修剪的方式和修剪量因树木栽植方式、栽植时期、树种的分枝习性、干性强弱、根系类型、树龄、树木用途和苗木类型等而异。

图4-1　树木休眠季裸根起苗前已经过修剪的苗木

（1）带土球栽植修剪

对于根系伤害后恢复困难、萌芽及发根能力较弱的树木，以及大规格苗木的栽植，主要采用带土球栽植。带土球栽植的修剪量比裸根苗小，也可以依据根系损失情况采取轻度到中度修剪，以确保根冠水分代谢平衡。修剪时要保留骨干枝（图4-2）。

图4-2　轻度修剪的带土球苗木

（2）裸根栽植修剪

对于根系恢复能力较强、萌芽力较强、栽植成活率较高的乡土树种，主要采用裸根栽植。对于劈裂根和冗长根、缠绕根要短截，截面要平滑。对于裸根栽植修剪，可在起苗时将树放倒后进行，主要采用重修剪，剪除全冠的1/2~2/3，或保留几个分杈主枝，以保持根冠代谢平衡。小树可以轻剪树冠或全冠栽植，对于大树是不行的。保证成活和尽快恢复树势是大树栽植原则，千万不能急功近利。有的树种如槐、刺槐、白蜡、柳树、栾树、臭椿、楸树等由于栽植季节太晚，通过在同一分枝点高度截干抹头的修剪方法，来保证成活率和重新培养树形，这种修剪方式对树木生长不利，从而导致景观效果发挥较慢。银杏、杨树类等一定不能被截干。毛白杨只能疏枝，一般不能短截（图4-3）。修剪的伤口要涂防腐剂。

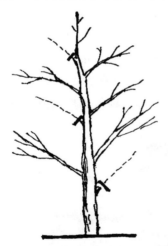

图4-3　毛白杨栽植修剪

## 2. 按照树木规格、种植方式和树木栽植施工时间进行修剪

小规格苗木休眠季裸根栽植时可以轻剪，带土球栽植可以不剪，生长季带土球栽植可以适当轻剪或不剪；大规格苗木休眠季栽植需要适当修剪，反季节带土球栽植时需要重剪。

## 3. 按照树木的干性强弱、分枝习性、萌芽力和成枝力进行修剪

### （1）干性强、顶芽伤后成枝力弱、萌发力弱的树种

以疏枝为主，以短截为辅。对于干性强、成枝力弱、树木顶芽伤后很难恢复的树种，短截主枝后可以促使休眠芽萌发，但是会侧向生长，导致树形紊乱，因此在修剪时不许短截或打尖，以疏枝为主，适当疏除徒长枝、交叉枝及扰乱树形的枝条。在栽植时，为了保持枝条分布均匀，利于通风透光，适当回缩每层主枝之间的枝条。

### （2）干性强、成枝力和萌芽力高的阔叶树种

对于干性强、成枝力和萌芽力高的阔叶树种，可以采取削枝保干的方法。对中干的延长枝，在注意控制竞争枝的长度的同时，可以采取在饱满芽处短截的方法，对于其主枝也可以采取在饱满芽处短截的方法剪去一半，侧枝剪去一半，疏去无用枝。如梧桐等树种（图4-4）。

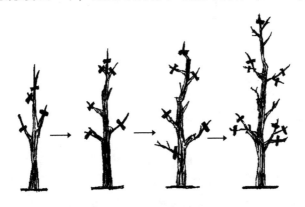

**图4-4　梧桐的修剪**

对于干性较强、萌芽力成枝力较强的阔叶树种，可以通过适当重截来提高成活率和减少土球重量，对于骨干枝，要适当保留，至少是

一级和二级骨干枝（主枝和侧枝）要适当保留一段，树体结构在栽植后不久就能恢复，既保证了成活率也保证了景观绿化效果。

### 4. 按照树种分类进行修剪

（1）常绿针叶树

剪去每轮中过多主枝，每轮留一些主枝，剪除上下两层中过密枝、重叠枝，剪除下垂枝。在栽植时除了进行常规修剪外，可适当将伤残枝、枯死枝和扰乱树形的枝条剪除，如雪松（图4-5）、圆柏等。孤植的雪松下部的枝条不能全部疏除，否则将大大降低它的观赏价值，对它进行修剪时，可每轮适当疏除一些轮生枝。每轮留3~4个主枝。柏类大苗发现双头或竞争枝时要及时疏除，但是平时一般不修剪。

修剪前　　　　　　　　　修剪后

**图4-5　雪松修剪**

（2）常绿阔叶树

常绿阔叶树的修剪量一般比落叶树木大。对于广玉兰等萌发力弱、伤口愈合能力也弱的常绿阔叶树的修剪，可以采取适当疏枝结合摘叶的方法，这样可以确保树木栽植的成活和景观效果的发挥。对容易成活的常绿树如桂花、乐昌含笑以疏枝为主，对内膛适当修剪，同时，保留树冠外形。对移植困难的香樟、木荷、杨梅的树冠进行中度或强度修剪，以短截为主。

（3）棕榈类

棕榈一般在春季和雨季栽植。在4~9月可以边起树边栽植。栽后修剪除了剪去开始下垂变黄的叶片外，不要重剪。为了提高成活率，树冠的修剪量一般以保留 30%～60%的叶片数为宜。留叶过多，蒸发量大，不利于成活；留叶过少，不仅景观较差，植株恢复也较慢，而且着叶部分的茎干会发生萎缩现象。为尽快达到绿化效果也可以不剪叶，采用栽后搭荫棚或稻草裹树干等措施，并且要在早晨、中午、傍晚喷水。如果要在10 月以后栽植单干的难栽植的棕榈类较大植株，如霸王棕、红棕榈等，要提前 3～6 个月断根。

图 4-6　木槿冬季修剪

（4）灌木类

对于丛生型如连翘、黄刺玫、紫荆多疏枝，疏老枝形成外密内稀的形式，紫薇、木槿（图 4-6）、月季以短截为主。蜡梅只是疏剪但不截干（图 4-7）。丛生花木由于萌芽力较强，栽植修剪可以较重，促发新枝。对于单干圆头型灌木修剪，以疏剪与适度短截相结合，保持树冠内高外低，成半球形，如榆叶梅、观赏桃等。

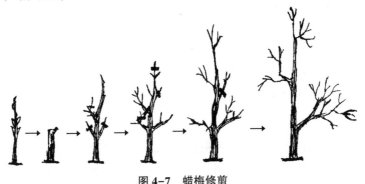

图 4-7　蜡梅修剪

## 5. 根据树木根系类型的不同进行栽植修剪

根据树木根系在土壤中分布深度的不同，树木根系分为深根性和浅根性这两种类型。深根性树种如槐、银杏、油松、白蜡、栾树、圆柏等的主根发达，侧根为辅，横向分布小而纵向分布深，为了保证成活，可以通过带土球或木箱栽植，来减轻根系的伤害和损失。浅根系树种如火炬树、枣树、刺槐、云杉等几条侧根横向发展，主根不明显向下发展，且不占主导地位，按胸径的 8~10 倍断根栽植树木时，在栽植中有效吸收根相对损失太大，成活率较低，保护有效吸收根的办法是逐步回缩再进行栽植，以提高成活率，如断根缩坨法（图 4-8）。

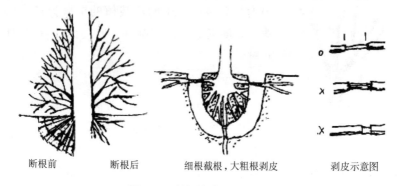

断根前　　　断根后　　　　细根截根，大粗根剥皮　　　剥皮示意图

**图 4-8　断根缩坨后根系示意图**

### 6. 其他栽培技术措施与施工修剪

维持根冠水分代谢平衡是确保树木栽植成活的生物学原理，适地适树是森林培育学的主要原理。通过其他措施如树干注射、树冠喷抗蒸腾剂、根部施生根促进物质、树冠遮阴、树干缠绳及容器育苗等综合应用，在保证树木根冠水分代谢平衡的情况下，可以减少修剪量，甚至可以实现全冠栽植。

### 7. 反季节栽植修剪

为提高成活率，反季节种植除了应该加大修剪量，还应该结合其他措施进行。以北京地区为例，北京地区的气候特点是夏季降雨集中、冬季空气湿度低、风大。北京地区的树木栽植，原则上应选在树木休眠期即早春或晚秋进行，最好在春季树液开始活动、尚未发芽或刚要发芽时。在 7 月，常绿乔木如松柏类就会停止生长，当然，赶上雨季也可以栽植，称为雨季栽植。北京冬季虽然树木处于休眠期，但是由于低温干燥、多风，不利于大树栽植成活。圆柏在北京秋冬季栽植成活率低于雨季，主要原因是北京秋冬风大，蒸发量大，空气湿度小，降水少，容易发生生理干旱；而雨季空气湿度大，树木停止生长，代谢弱，树势容易得到恢复。当然，最好的栽植时间还是开春树液萌动时。对于开春以外和上述雨季的栽植称为反季节栽植。反季节栽植及修剪量和修剪方法如下：

种植前应修剪苗木根系，宜将病虫根、劈裂根剪除，将冗长根短截，并修剪树冠，以保持根冠代谢平衡，尤其是珍贵树种的树冠宜做少量疏剪。落叶树可抽稀后进行强截，多留生长枝和萌生的强枝；常绿阔叶树，采取收缩树冠的方法，截去外围的枝条，适当疏除树冠内部不必要的弱枝，多留强的萌生枝。对易挥发芳香油和树脂的针叶树、香樟等应在栽植前修剪。对嫁接的花灌木，应剪除接口以下砧木萌生的枝条，并对接穗枝条进行适当短截。新枝着生花芽、分枝明显的小灌木，应顺其树势适当强剪，更新老枝，促生新枝。苗木修剪应做到剪口平滑，不得劈裂，截口削平并涂防腐剂。

# 第五章
# 树木定植后生长过程中的整形修剪技术

## 一、行道树的整形修剪

为了使树冠的形状、体量、结构等方面满足遮阴、美化、安全的要求，在栽植后的前几年主要以培养符合环境要求的、健全的树体结构为主，这一时期的主要修剪任务是结构性修剪，也就是以促进好的树体结构形成为主。树体结构形成后的主要修剪任务是养护性修剪，主要以调整树木的生长发育和调节树木与行人、车辆、市政设施等的矛盾为主。

### 1. 不同类型行道树主枝的培养与修剪

（1）枝条直立性强的树种主枝的选配与整形修剪

毛白杨的枝条具有直立生长习性，通常不下垂，不影响车辆和行人通行。其下部的枝在树上保留的时间很长，它们的直径可能大于主干直径的1/2，对内生的枝条要进行短截（图5-1）。最下部主枝以下的枝虽是临时枝，但是在树上保留的时间会长一些，要通过回缩控制其生长，为最终疏除做准备。疏除一些临时枝，促进永久枝的生长。中干的竞争枝进行两处回缩，以利于保持中干的优势。

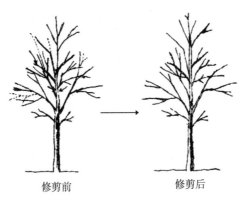

图 5-1　枝条直立性强的幼年行道树的枝条管理

## （2）分枝角度大的树种主枝的选配与整形修剪

树冠呈圆形、椭圆形的树木，枝条分枝角度大，其枝下高要高，要注意整形。也就是说，树高 4.5 米以下的枝条要短截或回缩，抑制它们生长，防止长入永久冠内。由于下部被回缩的枝最终将要疏除，为了利于愈合，要保持下部枝细小，使日后的修剪伤口尽量小。如图 5-2 所示，在树冠最下部同一位置有 3 个大枝。下部的左侧、右侧 2 个枝条都应回缩，右侧枝的上部已长到永久冠里了，应回缩，回缩时，最好是疏除直立部分，留较水平的枝条作头，抑制枝条生长。剪口下的一些较小的枝条也可以疏除掉。若 2 个枝条同时都疏除，修剪量过大，可能引起主干劈裂。

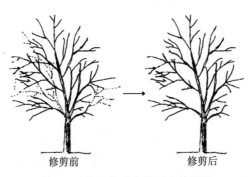

图 5-2　分枝角度大的树木的修剪

（3）枝条丛生树的主枝的选配与整形修剪

如图 5-3 所示，由于截头或放任生长，从同一位置长出 3 个以上粗细相当的大枝，修剪应分几年进行，第一年疏除一些枝，回缩一些枝。此后两年，对余下的 2 个枝条进行回缩，在主干同一位置上只留一个大枝生长。

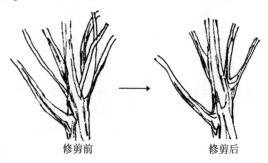

修剪前　　　　　　　修剪后

**图 5-3　丛生枝的修剪**

（4）圆球形树形改造为有中干树形主枝的选配与整形修剪

培养主干和主枝，应先回缩部分枝条至一个分枝处。对没有分枝的枝疏除。应疏除未选作中干和主枝的枝条，采取每 1~2 年进行一次修剪的方式，直到培育出好的树体结构（图 5-4）。

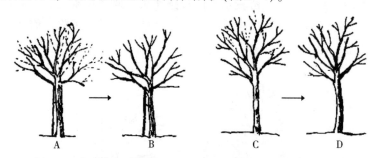

**图 5-4　将有主干圆球形（A、C）改成有中干的树形（B、D）**

## 2. 行道树的养护性修剪

养护性修剪内容包括常规修剪、稀疏树冠、调整树冠高度的修剪、暴风雨和雪后恢复受损树冠的修剪、避让电力线的定向性修剪、开辟透景线的修剪等内容。首先注意不要轻易从树上剪掉活枝，其次是遭受严重干旱、洪水或虫害胁迫的树尽量少剪或不剪活枝，最后要保持枝领完好。

（1）常规修剪

常规修剪包括疏除交叉枝、枯死枝、病虫枝、重叠枝、逆向枝和徒长枝的操作。

①交叉枝的疏除。当两枝交叉时，剪掉受损严重的或位置不当的枝条。如果两枝受损都很严重，则都要剪掉。

②枯死枝的疏除。一方面，树上的枯死枝遇到暴风雪很容易折断，影响树下行人和车辆的安全；另一方面，枯死枝影响树体美观。因此，枯死枝一定要及时疏除。

③病虫枝的疏除。如果树木局部感染了枯萎病等严重的传染病，为减少对其他健康植株的传播，要及时疏除，但发生一般的病害无需马上疏除，要采取化学治疗，并做好预防工作。

④重叠枝的疏除。重叠枝一般剪去一个，留一个，通常要整体考虑，将过密的疏除。

⑤逆向枝的疏除。逆向枝扰乱树形，影响通风透光，要疏除。

⑥徒长枝的处理。徒长枝是由于生长调节不平衡、顶端优势后移产生的。这些徒长枝不能全部疏剪。枫树、紫薇等徒长枝容易下垂和弯曲。如果萌生徒长枝很多，适当疏除一部分，使留下的枝彼此有一定间隔。

（2）稀疏树冠

在风口地带生长、根系生长空间有限的行道树，容易遭受风害，为了减少树木受暴风雨侵害的危险，要疏冠；当树冠下有需要光照的其他植物时，为了利于树下植物的生长，需要稀疏树冠；偏冠的树不稳定，要通过疏枝平衡树冠；为了展现树木干皮的美，稀疏树冠可使干皮显现出来；浓密的树冠疏枝后通风透光好，降低冠内空气湿度，防止害虫滋生。

稀疏树冠时，为了使主枝基部增粗，要从树冠边缘疏枝。疏除平行枝、交叉枝、枯死枝、徒长枝、萌蘖枝、摩擦枝等，减少风压，有助于提高树木抵抗暴风雨的能力（图5-5、图5-6）。疏除的枝条粗度应小于临界修剪规格。其他参考常规修剪疏枝法。

交叉枝
摩擦枝
断枝
徒长枝
萌蘖枝

图5-5　稀疏树冠的方法

图5-6　从树冠边缘疏枝后，错落有致

对于幼树来说，一次剪掉的叶片量不要超过总叶片量的25%。对于成年树来说，一次疏枝量不超过总叶片量的20%。对于老年树来说，一次剪掉的叶片量不要超过总叶片量的15%。疏剪过量会过度消耗能量，滋生萌蘖枝，容易产生劈裂、日灼。内膛疏剪过量会使剪后的枝条过度伸长，在暴风雨中极易劈裂，对根也有负面影响。修剪过量后会产生过多徒长枝。

对平行枝疏除一个，剪后没有改变树高和冠幅。树冠边缘的平行枝，一般疏除下部的分枝。将基部小枝和内膛小枝全部疏除，形成内膛光秃，这种修剪不但减少了树木有效光合作用的面积，使树木生长缓慢衰弱，还增加虫害侵入点，易得日灼病，引发劈裂和腐烂，同时树的梢部更重，更容易遭受暴风雨和雪压的危害（图5-7）。

图5-7　疏枝过度，内膛光秃

（3）控制树冠体量

通常情况下，缩小树冠，减少了树木光合作用的面积，对树木生长产生不利的影响，但是在有些情况下还是应该缩小树冠。例如：种植设计不合理，体量很大的树木被种植在了狭小的空间里，不得不缩小树冠；主枝基部受到病虫害侵袭或受机械损伤，承受力下降，为减少长枝末端的重量，减少断裂的可能性，不得不缩小树冠；树冠离建筑过近，对建筑物造成了较大的安全隐患，不得不缩小树冠；重要景点旁的树木，树冠挡住了最佳视线，为了开阔视野而缩小树冠；高大乔木被种植在了土壤空间有限的地方，为防止倒伏而缩小树冠；当行道树的高粗比大于 50 时，树易遭受风折，也需要缩小树冠。

①回缩。缩小树冠最好是采取回缩，不要截头（抹头），回缩修剪后远观看不出痕迹。如果计划的缩剪量超过总枝叶量的 25%～30%，那么要分两年完成，否则对树的影响太大。

将多年生枝回缩到一个分枝处，这个截口下的第一枝必须满足如下要求：一是该枝的粗度至少应是被截掉枝条粗度的 1/3～1/2，否则，如果枝太细，剪口处容易萌蘖过多。二是剪口下第一枝与被截枝的角度宜小不宜大。角度大既不自然，断裂的可能性也大。如果截口下第一枝的粗度超过被截枝粗度的 1/2 或者长度过长，为预防断裂，要对该枝的末端进行疏枝。一次将树冠缩小 20% 是不合理的。

②抹头和截梢。当大乔木被误种在建筑物、路灯或电力线旁等空间狭窄的地方时，要通过修剪控制体量。常用的控制树木体量的修剪方法为抹头法和截梢法。

抹头法是指为了控制树木体量，不管枝条的年龄大小一律剪到同一个高度或长度，这样可能剪断了大量多年生枝，包括一些带有心材的枝条，对树势损伤大，大的伤口容易发枝过多，也容易引起腐烂，唯一优点是容易操作。

截梢法是在树木生长的早期开始进行，仅短截 1～2 年生枝，每年都要修剪到同一个高度，在这个位置会形成瘤状突起，每年修剪时注意别伤到这个瘤状物（图 5-8）。瘤上的枝条每年都要疏除，这样就使树木体量保持在较小的状态不变（图 5-9）。这种方法对树体损伤小，不会引起枝条腐烂，但是每年都要修剪，较费工。

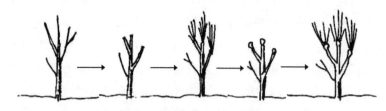

图 5-8　法国梧桐截梢法示意图

图 5-9　树木截梢后效果

抹头和截梢的方法对比：抹头不需要考虑枝条粗度和年龄，但截梢的枝条粗度要求不要超过 2.5 厘米；抹头不需要每年进行修剪，但截梢要求在幼年期就开始进行；抹头易引起枝干衰弱，但截梢每年截到最初的截口处，枝干不衰弱；抹头会缩短树的寿命，但截梢能延长树的寿命；很多树都可以进行抹头处理，但只有少数树种适宜截梢。

## （4）抬高树冠

为了使树冠不遮挡交通标志，或为了开辟透景线，需要抬高树冠。干皮薄的树木如果下部枝一次去掉太多，容易产生日灼，对树木损害太大。下部枝去掉太多也可能萌生徒长枝，使树长得更高。树高1/2以下的部位应留一些大枝，即最好保证冠高比不小于3/5，这样有利于树干形成一定的尖削度（图5-10）。同样道理，主枝50%的叶片应着生在主枝基部2/3区域内的侧枝上。在大枝疏除后树干下部着生的小枝应保留一年以上，既利于伤口的愈合，也防止树干受到日灼。

树冠抬高要分步进行：有时在树干同一个高度有两个大枝需要疏除，如果两个大枝同时疏除产生的伤口太大，可以先疏去一个，回缩

修剪前　　　　　　适度修剪　　　　　　过度修剪

**图 5-10　抬高树冠**

**图 5-11　回缩树冠没有与结构性修剪相结合**

另一个，待回缩的大枝小于树干粗度的 1/3 后再疏除。注意抬高树冠与结构修剪和纠正缺陷相结合。图 5-11 所示的大树由于抬高树冠未与结构修剪相结合，所以整体树形不美观。

（5）平衡树冠

树势平衡意味着树木稳定、安全、美观。为增强树木长势，可以采取背后枝换头，即将主枝回缩到一个更直立的分枝处；为减弱长势，可以将主枝回缩到一个更平展的分枝处（图 5-12）。

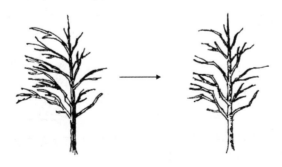

**图 5-12　应用回缩和疏除平衡树势**

常年吹一个方向风的地方容易形成偏冠树，海边树木的树冠常远离海岸线。如图 5-13 所示，要使这些树冠对称很难，但可以通过修剪达到某种平衡，减少风倒的危险。林缘或一侧光照不良，常形成向光面枝条生长旺盛，背阴面长势弱，形成偏冠，可先对附近的遮阴树回缩，然后将偏冠树向光一侧的枝疏除一些，并把保留的小枝短截，截口芽向下。每年进行平衡修剪，就会形成美观、安全、健康的树形。

**图 5-13　常年受同一方向风影响的树木树冠**

（6）树丛的修剪

几株乔木组成的树丛，树形很漂亮，但是每棵树都是偏冠的：树丛向外一侧的根系好，里面的树根系生长弱，对树冠外侧的枝适当回缩，可避免树丛倒伏，如图5-14所示。

（7）暴风雨后树木的修剪

暴风雨后，对1年生的断枝要短截，对多年生断裂大枝（图5-15）要回缩或疏除。被暴风雨损坏的树，第二年会发出很多萌蘖枝，当萌蘖枝发生空间竞争时，均匀地疏除 1/3，甩放 1/3 培

疏除标有虚线的枝条

**图 5-14　乔木组成的树丛修剪法**

养成大枝，其余的枝轻剪，要预防枝条长得太长变弱，几年后就可恢复良好的树体结构。

**图 5-15　暴风雨后树木断裂大枝**

（8）市政设施附近树木的定向修剪

树冠上方有电力线时需要控制树冠，防止树冠长高，有截梢、抹头和回缩三种方法。具体做法参见本节控制树冠体量和抬高树冠部分的相关内容。在重点地带可以通过截梢来控制树冠体量，但截梢每年都要进行，比较费工，其次是通过回缩来控制树冠长高。最差的方法是抹头，最好不要用。当然，最理想的方法是在设计时将大乔木改成小乔木。

树冠一侧有电力线时主要的修剪方法是：对线路高度以下的一年生枝短截时剪口留下芽，多年生枝回缩时选背后枝作延长枝头，以便控制下方枝向高处生长；对与线路等高且向线路方向生长的枝条采取截梢的方法，一方面可以防止对电力线的干扰，另一方面也利于防止树干腐烂。对高于电力线的枝条：一年生枝短截时剪口留上芽，多年生枝回缩时选斜向上生长的枝作延长枝头。同时为防止末端下垂，应注意枝条基部多保留小枝，保持一定的尖削度。电线在树木的一侧时，不要打头，若打头修剪会滋生萌蘖枝，迅速逼近电线，而且被打头的枝条通常劈裂引起衰退，与树体连接不紧，较好的做法是对入侵枝疏除和短截两种方法并用。

### 3. 老龄大乔木的修剪

老龄大乔木修剪的主要内容包括：进行常规修剪，疏除交叉枝、徒长枝、内向枝、枯死枝、病虫枝和一切扰乱树形的枝。保留树冠内膛的小枝作更新用。不要轻易去除成年大树和老树的叶片。对老龄树进行疏剪时，应先对三级枝或四级枝甚至仅对树冠边缘的小枝进行修剪（图 5-16）。疏除大主枝的一级分枝和二级分枝将会造成大的修剪损伤。通常枝条直径大于树干直径 1/3 的树枝和树龄大于 15 年以上的速生树抵抗腐烂蔓延的能力很差。对三级分枝以下的枝条常采用回缩和疏剪。

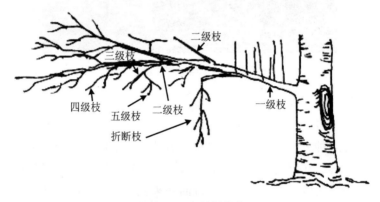

**图 5-16　老龄树修剪**

老树若过量修剪，树木储存的能量减少；树木受伤后产生分室现象，树体要消耗更多能量，甚至引起树体劈裂；内膛光秃处产生萌蘖枝，消耗能量；引起枝条死亡。

## 二、绿篱的整形修剪

绿篱又称植篱，是由萌芽力及成枝力强、耐修剪的树种密植而成。根据绿篱的高度不同，可分为矮绿篱（50 厘米左右）、中绿篱（100 厘米左右）和高绿篱（200~300 厘米），见图 5-17。常见的绿篱整形方式有规则式和自然式两种。

图 5-17　矮绿篱（右图下部）、中绿篱
（左图）和高绿篱（右图上部）

### 1. 修剪时期

绿篱定植以后，最好任其自然生长一年，以免因修剪过早而妨碍地下根系的生长。从第二年开始，再按照所确定的绿篱高度进行短截，修剪时要依照苗木大小，分别短截苗木高的1/3~1/2（图5-18），然后在生长期内对所有新梢进行2~3次修剪，这样可降低分枝高度，促进多发分枝，提早郁闭。

### 2. 整形方式

图 5-18　第二年绿篱的修剪

（1）自然式绿篱

这种类型的绿篱一般不进行专门的整形，在栽培的过程中仅做一般修剪，剔除老、枯、病枝。自然式绿篱多用于高篱或绿墙。一些小乔木在密植的情况下，如果不进行规则式修剪，常长成自然式绿篱，因为栽植密度较大、侧枝相互拥挤、相互控制其生长，不会过分杂乱无章，但应选择生长较慢、萌芽力弱的树种，如图5-19所示。

（2）整形式绿篱

这种类型的绿篱是通过修剪，将篱体整成各种几何形体或装饰形体。为了保持绿篱应有的高度和平整而匀称的外形，应经常将突出轮廓线的新梢整平剪齐，并对两面的侧枝进行适当的修剪，以防分枝侧向伸展太远,影响行人来往或妨碍其他花木的生长。修剪时最好不要使篱体上大下小,否则不但会给人头重脚轻的感觉,而且会造成下部枝叶的枯死和脱落,如图5-20所示。

图5-19　垂叶榕做的自然式绿篱　　　图5-20　女贞做的整形式绿篱

（3）绿篱的更新

绿篱的更新指通过强度修剪来更换绿篱大部分树冠的过程,一般需要3年。

第一年,首先疏除过多的老干。因为绿篱经过多年的生长,在内部萌生了许多主干,加之每年短截新枝而促生许多小枝,从而造成整个绿篱内部整体通风、透光不良,主枝下部的叶片枯萎脱落。因此,必须根据合理的密度要求,疏除过多的老主干使内部具备良好的通风透光条件。然后,短截主干上的枝条,并对保留下来的主干逐个回缩修剪,保留高度一般为30厘米;对主干下部所保留的侧枝,先疏除过密枝,再回缩修剪,通常每枝留10~15厘米长度即可。

常绿树的更新修剪时间以5月下旬至6月底为宜,落叶树宜在休眠期进行,剪后要加强肥水管理和病虫害防治工作。

第二年,对新生枝条进行多次轻短截,促发分枝。

第三年,将顶部剪至略低于所需要的高度,以后每年进行重复修剪。

对于萌芽能力较强的种类可采用平茬的方法进行更新,仅保留一段很矮的主干。平茬后的植株可在1~2年中形成绿篱的雏形,3年以后恢复成形。

## 三、园林配置树木的整形修剪

对园林绿化中的孤植、丛植和群植植物,要充分考虑植物本身的生长发育特性，结合其在园林绿化中的造景功能进行整形修剪。

### 1. 孤植配置树木的整形修剪

孤植树主要是为了突出园林植物本身的个体美、自然美和形态美，对于高大树木，需要保持其冠形美观，枝条自然伸展，合理分布，多通过疏除、扭梢等方法，处理过密枝、竞争枝、病虫枝、徒长枝条和重叠枝等影响通风透光和景观效果的枝条，而少用短截、回缩等方法，以免影响枝条的自然生长，破坏景观，如图 5-21 所示。

### 2. 丛植与群植配置树木的整形修剪

丛植和群植植物整形修剪时除了考虑其本身的形态美之外，着重考虑多株植物的整体协调美，通过疏除、扭梢、回缩、短截等方法，保持主体植物的特殊性和对周围环境的景观控制性，降低次要植物枝条的生长势，保持不同株植物的枝条之间、植物外观形体之间协调统一，主次分明，维持植物景观空间的和谐稳定。对于开花植物，还要考虑其花芽分化特性，以确定修剪时期和方法，如图 5-22 所示。

**图 5-21 孤植配置树木的整形修剪 图 5-22 丛植与群植配置树木的整形修剪**

### 3. 服从景观配置要求的整形修剪

不同的景观要求有不同的整形修剪方式。比如，圆球形圆柏绿篱和自然形圆柏孤植树，长方形榆树绿篱和自然形榆树行道树。广玉兰作孤植树种植在草坪上时，裙枝越低越好，枝下高可以低于 2 米，而为体现整齐划一的街道景观时，裙枝不宜过低，主干要明显，枝下高也应 2.5 米以上。玉兰在南亚热带用作行道树，高度可达 15 米以上，但如果在室内、花园种植，则必须将其高度控制在 4 米以下。特别值得一提的是，园林风格对园林树木树形有很大影响。比如，在传统的自然式园林中，树木应整成自然式树形，如世界文化遗产地罗布林卡，作为中国传统自然式皇家园林的代表，树木整形应以自然形为主，绝不能整成规则的几何形。

## 四、城市片林的整形修剪

城市片林是小片的森林，为城市森林的重要组成部分，以林木为主，也包括城市水域、花圃等，与景观相结合，有一定的面积，成片分布。城市片林可以直接吸收城市中释放的碳。同时，城市森林通过减缓热岛效应，调节城市气候，减少我们使用空调的次数，可以间接减少碳的排放，使人们仿佛就生活在"森林城市"中。

对城市片林修剪时，应保留林下的树木、藤条和野生花草，增加野趣和幽深感（图 5-23）。步游道两侧生长极差的灌木和杂草应清除掉（图 5-24）。

图 5-23　城市片林的林下野生花草　　图 5-24　城市片林步游道

## 五、艺术造型的整形修剪

树木经绑扎、搭架、修剪养护即可创造出千姿百态、栩栩如生的艺术造型。这些造型优美的园林树木具有很高的观赏价值，给人们提供了健康、文明、舒适的工作与生活环境。造型树木既可以作园林的主景，也可以作配景。树木造型，尤其是非自然式造型一般是违背树木生长发育规律的，总体来讲后期的养护修剪成本增高，对养护人员的美学要求也高，所以不宜大面积的应用。

## 1. 树木造型的原理和设计程序

### (1) 园林树木造型的基本原则

①园林中树木造型需要与树木配置环境相协调，树木造型一定要综合考虑园林环境的各个要素。换句话说，树木造型要与周围环境相协调，否则即使树木造型再漂亮，与环境不协调也是失败的。这个"协调"内容包括造型与园林风格是否协调，造型树木体量是否适宜，造型树木与背景色彩是否合适等诸多方面（图5-25至图5-28）。

图5-25　"拱桥"造型：与周围的垂柳等巧妙搭配，相得益彰

图5-26　"儿童"造型：在社区绿地中彰显童趣，与周围环境和谐融洽

图5-27　"水鸟"造型：在湖面上嬉戏飞翔，与周围环境协调

图5-28　"人物与动物"造型：恬静安详的人物与活泼生动的动物，与周围环境和谐融洽

②园林中树木造型必须遵循美学原理。造型树木可以说是有生命的绿色雕塑，既然是雕塑，就要遵循雕塑美学中的比例与夸张、对比与均衡、抽象与具象等美学规律。建筑造型必须遵循建筑美学和科学的

**图5-29 "企鹅母子"造型：形体要符合动物的结构**

原则。几何造型必须符合几何的规律。造型方面要抓大轮廓，可以忽略小细节，否则事倍功半（图5-29）。

③园林中树木造型必须遵循植物本身的生长规律。树木有的枝叶较大，不适合细致的造型与修剪，有的枝叶细小、萌芽力强、生长缓慢、耐修剪，可以精雕细刻。所以植物造型一般要抓大关系。要重视造型的动态变化，树木造型材料是有生命的材料，要注意成景后的比例关系。

**（2）树木造景、造型的设计程序**

①前期调研阶段。包括自然环境分析、人文环境分析、区域功能分析等内容。根据自然环境的特点，选择能够适应当地气候、土壤等要求，适合造型需要的树种。最好是乡土树种，或已经证明能适应当地生长的外来树种。分析放置雕塑的地域群体的社会文化背景、需求方式和生活习惯。根据场所的性质看是适合建筑造型、几何造型，还是动物造型。

②初步构思阶段。主要从造型主题、位置、朝向、材料、体量和色彩、表现手法等几个方面考虑。造型主题的确定要从环境的内容、功能出发，造型与环境要协调。造型的位置必须纳入园林总体规划之中考虑，不能随意确定位置。要看地形和周围其他景物的大小、出入口位置、主观赏面、风力情况、光照情况、地势高低等情况。造型植物的体量要根据实际情况确定，空间环境大的地方可以适当大一些，空间环境狭窄则体量要小一些。要根据环境的背景，确定造型树木的材料色彩和质感表现。造型的表现手法要根据环境的风格确定。在历史文化传统区域最宜采用传统手法造型。

③造型设计。造型设计不仅是一个造型师的创作过程，还是一个与业主等多方沟通的过程。所以不仅要自己设计，还要表现出来与大家交流，获得通过后才能开始制作。画图要画出平面图、立面图、效果图。

## 2. 常见树木的造型

### （1）动物造型与修剪

动物造型应该在适合动物存在的生态环境和艺术环境中，如果环境不合适，造型本身再精致，也不能算是好的景观。

现以女贞为例，在灌木基座上修剪一只高 100 厘米的站立的小鹿造型，步骤如下：

选择四棵灌木状的女贞斜着栽在一起，高约 95 厘米，最好没有主干。夏初时，开始修剪基座，即将植株底部的萌条去除，下部（占整体的 1/2）去除叶片做成鹿足。制作鹿足的同时，开始鹿体制作，首先确定从哪些枝条开始形成头和尾，然后剪除过多生长的部分。为了使选定的枝条能按照预定的角度伸展，可以绑扎两根小木棒，将枝条用铁丝固定在小木棒上。在同年夏天，再次修剪鹿足和鹿体部分，要求修剪出圆顶形的鹿头雏形，其上留有一些斜向上的枝条作为鹿角的预留枝条，同时沿小木棒修剪成为鹿尾。检查铁丝，如果过紧则应当解松一些，以后定期修剪和松绑铁丝。一旦枝条达到预定位置，鹿角和鹿尾基本成形，应将小木棒取出。

总体来讲，动物造型应重点把握动物的比例关系，着重大轮廓，对细节问题不要面面俱到，尤其是小于 2 厘米的细部很难表达出来，可以省去，但是个别重点部位要重点雕塑，可以适当放大，其他地方不要过分强调，否则日后的养护会很困难。

### （2）几何形状的造型与修剪

这种树形整形修剪必须遵照几何形体构成规律进行，如果要把树冠修剪成圆球形，就必须先定出半径长度及圆心的位置。大体量是由小体量逐渐长成的，换言之，大体量是由小体量逐渐叠加成的。

①球形修剪。球形造型在城市绿化中应用颇广，效果很好。可以说，城市各种类型的绿地中，无球不成景。尤其在规则式的绿地中，球形树与尖塔形树冠互为衬托，形成强烈对比，产生诱人的美感。以锦熟黄杨为例，制作球形造型步骤如下：首先，根据需要的黄杨球大小（如 30 厘米高的球），选生长密实匀称、未经修剪的锦熟黄杨作材料，材料要比预想的球高大 5~10 厘米；其次，仔细观察，估计修剪的次数，因为大球是由小球逐渐叠加而成的，一般第一次确定的球体

不宜太大。一般在初夏修剪。

②螺旋体修剪。制作螺旋体造型时，所用的植株必须有健壮、挺拔的树干，并且要发育良好。螺旋转弯处不能挨得太近，否则会影响枝叶的生长。在首次完成螺旋体造型后，新长出的枝叶中总会出现缺口，且由于遮阴，螺旋转弯处下方的叶片没有上方的多，但新生的枝叶会填充这些缺口，定期的修剪也会促进枝叶的生长。在幼树尚未达到预期高度时就对其进行整形，但必须要留下顶枝让其继续生长。螺旋体造型要求精心养护。一旦植株达到预期的高度，在生长季节要进行两次修剪，至少在头两年里应该如此。

③盆景式的造型与修剪。盆景起源于中国，在世界艺术之林中，它是富有自然情趣的东方艺术精品之一，也是我国独特的传统园林艺术之一。盆景是花盆中浓缩加工的小型园林美景。它是有生命的艺术品，是花木栽培技艺和造型培育的有机结合，通过自然景致立体艺术形象的创造而真实地再现自然，并且表现人们对自然的审美理想和艺术感情。中国盆景受中国画的影响较大。树木的盆景式修剪主要是指那些根据盆景艺术的要求来修剪成树形，这种树形很多为画意树的树形，即模仿中国传统的国画，受画论影响较大。园林中常见的盆景式树形有直干式、斜干式和悬崖式等。

### 3. 造型树木的养护性修剪

造型苗木需要定期修剪，要加强土肥水管理和病虫害防治，促使苗木健康生长，保持优美造型。

首先是常规性修剪，剪去枯死枝、病虫枝；其次是在既定造型方案指导下，不断完善造型，短截长出造型以外的部分，在缺少枝条的部位，通过短截促生分枝或牵引诱导的办法来补充枝条，使造型更加丰满。如北京地区的圆柏造型，春天修剪 2 次，夏天修剪 4 次，秋天修剪 2 次即可。具体的每种造型的修剪因造型而异。

总而言之，首先，造型树木需要定期修剪才能维持其优美的造型，因此管理上费工费时；其次，造型树木修剪使树木的体量受到了控制，使生态效益降低；最后，中国传统园林追求的是"虽由人作，宛自天开"的景观效果，而造型树木人造气息过浓。所以，造型树木不宜在园林中大范围地应用。

# 第六章
# 城市树木整形修剪技术各论

## 一、针叶树整形修剪技术

### 1. 南洋杉

*Araucaria cunninghamii* Sweet；南洋杉科南洋杉属

**整形修剪**：在冬季植株进入休眠或半休眠期，要把瘦弱、病虫、枯死、过密等枝条剪掉。也可结合扦插对枝条进行整理。大树移栽前要进行枝干修剪，最好将粗大侧枝的侧梢缩截，以减少叶面蒸腾，截完后立即对截口进行包封处理，以防水分散失。

### 2. 侧柏

*Platycladus orientalis*（L.）Franco；柏科侧柏属

**整形修剪**：侧柏幼苗期一般不做修剪。大树移栽前要进行枝干修剪，最好先将树干主梢、粗大侧枝的侧梢同步缩截，以减少叶面蒸腾，截完后立即对主干、侧枝截口进行包封处理，以防树干水分散失。侧柏树形一般为自然式尖塔形或长卵形。一般是在 11~12 月或早春进行修剪。若枝条过度伸长，可于 6~7 月进行一次修剪。春剪或冬剪时，在除掉树冠内部枯枝与病枝的同时也要疏剪密生枝条及衰弱枝，以保持完美的株形，并促进当年新芽的生长。

### 3. 圆柏

*Sabina chinensis*（L.）Ant.；柏科圆柏属

**整形修剪**：苗期修剪要摘除长出的新芽，主干上要及时疏剪主枝间瘦弱枝，以利于通风透光。随时疏除与中心干并列的徒长枝条。根据要做的造型进行修剪，主要有圆筒形树冠与绿篱。在冬季植株进入休眠或半休眠期后，要把瘦弱、病虫、枯死、过密等枝条剪掉。成型圆柏盆景，以摘心为主，对徒长枝可进行打梢，剪去顶尖，促生侧枝。在生长旺盛期，尤应注意及时摘心打梢，保持树冠浓密，姿态美观。

### 4. 龙柏

*Sabina chinensis* 'Kaizuca'；柏科圆柏属

**整形修剪**：龙柏的苗期修剪以摘心为主，进入旺盛生长期，应及时进行摘心和打梢，保持每个小枝呈圆锥状生长，否则枝端尖凸，影响美观，摘心要用手摘，忌用剪刀。定植后根据要修剪的造型进行修剪。龙柏树形除自然生长成塔形外，常根据设计意图，创造出各种各样的形体，但应注意树木的形体要与四周园景协调，线条不宜过于烦琐，以轮廓鲜明简练为佳。整形的具体做法视修剪者的技术而定，也常借助于棕绳或铅丝，事先做成轮廓样式进行整形修剪，可修剪为圆柱形、飞跃形等。

### 5. 辽东冷杉

*Abies holophylla* Maxim.；松科冷杉属

**整形修剪**：在冬季植株进入休眠或半休眠期的苗期修剪，要把瘦弱、病虫、枯死、过密等枝条剪掉。大树移栽前要进行枝干修剪，最好将粗大侧枝的侧梢缩截，以减少叶面蒸腾，截完后立即对截口进行包封处理，以防水分散失。

## 6. 雪松

*Cedrus deodara*（Roxb.）Loud；松科雪松属

**整形修剪：**株形好的雪松中心主干明显，大侧枝轮生且分布均匀、平行外伸，小侧枝微微下垂，整个株形从下向上逐渐缩小，呈塔形树冠，顶端优势明显。对一些树形不够理想的植株应及时进行修剪。苗期修剪手法以疏剪为主，同时采用垂吊、牵引等其他手法配合。苗期生长迅速，应勤修剪，确保健壮生长，维护良好树形。修剪对象主要是枯死枝、病虫枝、过密枝、阴生枝或少量方位角不适宜枝等，并注意保护主干顶梢。雪松为乔木，主干直立不分权，因此必须保持中心领导干向上生长的优势。有些苗木的主干头弯曲或软弱，势必影响植株正常生长。可用细竹竿绑扎主干嫩梢，充分发挥其顶端优势，绑扎工作每年进行一次。若主干上出现竞争枝，应选留一个强枝为中心领导干，另一个短截回缩（于第二年短截）。雪松侧枝在主干上呈不规则轮生，数量很多。如果间隔距离过小，则会导致树冠郁闭、养分分配不均、长势不均衡。修剪目的就是使各侧枝在主干上分层排列，每层有侧枝 4~6 个，并向不同方向伸展，层间距离 30~50 厘米。凡被选定为侧枝者均保留，并注意保护其新梢。对于层内未被选作侧枝的较粗壮枝条，应先短截，抚养一段时间后再做处理，其余枝条适当疏除。树体各部分因所处条件不同，其生长速度不一致，所以生长势也有强弱之分。优质雪松要求下部侧枝长，向上渐次缩短，而同一层的侧枝其长势必须平衡，才能形成优美的树形。所以在整形修剪时，要注意使各侧枝平衡生长。平衡树势时，对生长势强的枝条可进行回缩剪截，并选留生长弱的平行枝或下垂枝替代。

## 7. 华北落叶松

*Larix principis-rupprechtii* Mayr；松科落叶松属

**整形修剪：**在冬季植株进入休眠或半休眠期，要把瘦弱、病虫、枯死、过密等枝条剪掉。一般不做强力疏剪。

## 8. 云杉

*Picea asperata* Mast.；松科云杉属

**整形修剪**：苗期修剪要对当年生新芽进行抹芽和疏枝修剪，防止内膛枝衰弱、外围生长量逐年减少。大树移栽前要进行枝干修剪，最好将粗大侧枝的侧梢缩截，以减少叶面蒸腾，截完后立即对截口进行包封处理，以防水分散失。在冬季植株进入休眠或半休眠期后，采用强疏枝的方法，彻底疏除着生在主枝背上和背后的多年生枝条，保证主、侧枝的先端生长优势。

## 9. 白杆

*Picea meyeri* Rehd. et Wils.；松科云杉属

**整形修剪**：在冬季植株进入休眠或半休眠期后，要把瘦弱、病虫、枯死、过密等枝条剪掉。一般不做强力疏剪。形成自然枝状态。

## 10. 青杆

*Picea wilsonii* Mast.；松科云杉属

**整形修剪**：参阅白杆。

## 11. 华山松

*Pinus armandii* Franch.；松科松属

**整形修剪**：苗期修剪主要以冬季修剪为主，使其尽快形成主枝排列整齐的锥形树冠。要控制主枝和中心领导枝上轮生枝的数量及长势，要及时疏剪，以保证冠内枝条的整齐度。大树移栽前要进行枝干修剪，最好将粗大侧枝的侧梢缩截，以减少叶面蒸腾，截完后立即对截口进行包封处理，以防水分散失。定植后在冬季植株进入休眠或半休眠期，要把瘦弱、病虫、枯死、过密等枝条剪掉。

## 12. 白皮松

*Pinus bungeana* Zucc. ex Endl.；松科松属

**整形修剪**：苗期易自下部生出徒长枝条而出现双干现象，应随时疏剪与中央领导干并列的徒长枝。大树移栽前要进行枝干修剪，最好将粗大侧枝的侧梢缩截，以减少叶面蒸腾，截完后立即对截口进行包封处理，以防水分散失。培养主干明显的乔木，应每年及时剪去基部侧枝，直到计划枝下高为止；培育丛生型乔木，应对基部侧枝适当控制，基部侧枝相近的、过多的，酌情剪去部分过于靠近而相互竞争的，使侧枝均匀分布四周。修剪时应贴近主干，用利刀削平树皮，在切口涂抹油漆，防治木质腐朽进水伤及树干，影响观赏。

## 13. 赤松

*Pinus densiflora* Sieb. et Zucc. ；松科松属

**整形修剪**：苗期修剪应在秋冬季节进行，此时树液流动较慢，可从基部剪除弯曲枝、圆弧枝、枯萎枝、病虫枝，并注意保护树干顶梢。大树移栽前要进行枝干修剪，最好将树干主梢、粗大侧枝的侧梢同步缩截。以减少叶面蒸腾。截完后立即对主干、侧枝截口进行包封处理，以防树干水分散失。定植后在冬季植株进入休眠或半休眠期，要把瘦弱、病虫、枯死、过密等枝条剪掉。

## 14. 红松

*Pinus koraiensis* Sieb. et Zucc. ；松科松属

**整形修剪**：定植后在冬季植株进入休眠或半休眠期，要把瘦弱、病虫、枯死、过密等枝条剪掉。苗期修剪应在秋冬季节进行，此时树液流动较慢，可从基部剪除弯曲枝、圆弧枝、枯萎枝、病虫枝，并注意保护树干顶梢。大树移栽前要进行枝干修剪，最好将粗大侧枝的侧梢同步缩截，以减少叶面蒸腾。截完后立即对截口进行包封处理，以防树干水分散失。

①可以把树基部的一些小芽剪掉，有利于整体的生长。

②在芽或枝的上部或下部切刻，切在上部有利于下部生长，切在下部有利于上部生长。切的深度就是树皮的深度。

③要想树干加粗，就在树干上纵切，深度同树皮深度。

④也可以对树干和粗大的主枝用刀横砍几刀，深度同树皮深度。可以阻止养分向下输送，有利于枝条粗实和花芽的分化。

## 15. 油松

*Pinus tabulaeformis* Carr. ；松科松属

**整形修剪**：油松苗期修剪应在秋冬季节进行，此时树液流动较慢，可从基部剪除弯曲枝、圆弧枝、枯萎枝、病虫枝，并注意保护树干顶梢。大树移栽前要进行枝干修剪，最好先将粗大侧枝的侧梢同步缩截，以减少叶面蒸腾。截完后立即对截口进行包封处理，以防树干水分散失。定植后修剪主要去除冗枝、病虫枝，疏除生长方向不合适的旺长枝。塔状的树形一般来说适当保证中心领导干的顶端优势较为合适，对于塑造工艺型枝还要采取拉枝、摘心等技术措施。油松在管理过程中，需注意整形和换头工作，有的重枝，头会损坏或处于弱势，须用强健的侧枝拉上、捆好，以后成为中心优势枝，这个过程就是换头。整形修剪是疏去过密的枝，回缩过长的枝，补充偏冠的缺枝，以保证油松树形优美、整齐一致、生长良好。

## 16. 火炬松

*Pinus taeda* L. ；松科松属

**整形修剪**：火炬松树形为中心干明显的自然式紧密圆头形或圆锥形。对于火炬松小苗，如果顶端有 2 个以上新梢，应保留一个，其余的及时抹除。大树移栽前要进行枝干修剪，最好将粗大侧枝的侧梢同步缩截，以减少叶面蒸腾。截完后立即对截口进行包封处理，以防树干水分散失。定植后当独干高度达到 2.5 米时，上端不必剪除分枝，可任其自然生长。另外，要及时疏除弱、病枝，增加冠内的通风透光性，以保持良好的观赏性。

## 17. 黑松

*Pinus thunbergii* Parl. ；松科松属

**整形修剪**：黑松树形为中心干明显的自然式狭圆锥形。幼苗期可不做修剪。大树移栽前要进行枝干修剪，最好将树干粗大侧枝的侧梢同步缩截，以减少叶面蒸腾。截完后立即对截口进行包封处理，以防树干水分散失。定植后为了使黑松粗壮生长，主干、分枝明显，可将轮生枝疏除2~3个，保留2~3个分枝向不同方向均衡发展。还要短截或缩减长势旺盛的粗壮轮生枝，控制轮生枝的粗度，最后使它的粗度为着生处主干粗的1/3以内，使各轮分枝生长均衡。春季，当顶芽逐渐抽长时，应及时摘去1~2个长势旺的侧芽，以避免与顶芽竞争，使顶芽集中营养向上生长。当树高长到10米左右时，可适当疏除下面几轮枝条，以保持2/3或1/2的冠高比。另外，黑松盆景为保持其优美古雅树形，要进行适当修剪，修剪在生长期以摘芽为主，每年3~4次，当新芽伸长但尚未抽生针叶时，可摘去每个顶芽的1/2左右，如不需要增长枝条，可将顶芽全部摘去。对于影响树形美观的枝条，可于休眠期修剪。

## 18. 北美乔松

*Pinus strobus* L.；松科松属

**整形修剪**：北美乔松树形为中心干明显的自然式圆锥形，其中央领导干明显，顶端优势强，自然整枝力强，无需多修剪，苗期无需做修剪。要及时剪去下面枯死枝。大树移栽前要进行枝干修剪，最好将粗大侧枝的侧梢同步缩截，以减少叶面蒸腾。截完后立即对截口进行包封处理，以防树干水分散失。定植后且苗木长到4米以后，上端不必剪除分枝，可任其自然生长。另外，要及时疏除弱、病枝，增加冠内的通风透光性，以保持良好的观赏性。

## 19. 金钱松

*Pseudolarix amabilis*（Nelson）Rehd.；松科金钱松属

**整形修剪**：金钱松树形为中心干明显的自然式圆锥形，其中央领导干明显，顶端优势强，自然整枝力强，无需多修剪。苗期无需做修剪。大树移栽前要进行枝干修剪，最好将树干主梢、粗大侧枝的侧梢同步缩截，以减少叶面蒸腾。截完后立即对主干、侧枝截口进行包封处理，以防树干水分散失。枝叶伸展后，也可根据造型的需要，随时剪除多余的枝条。栽培中要保护顶芽向上生长，分枝点在4米以上。

主干顶端若受损伤，应选择另一个直立向上生长的枝条或在壮芽处短剪，并把其下部的侧芽抹去，抽出直立枝条代替，避免形成多头现象。如果顶梢附近有较强的侧梢或较粗壮的侧枝与主梢竞争，必须将竞争枝短截，削弱其生长势，以利于主梢生长。另外，对于那些内向枝、枯死枝及病残枝要及时疏除，以免影响整株的观赏性。

## 20. 罗汉松

*Podocarpus macrophyllus*（Thunb.）D. Don；罗汉松科罗汉松属

**整形修剪**：幼苗期根据以后的造型进行修剪，通过扎、压、捆、吊等造型手法，对树体的茎干、枝条状况做出修剪。大树移栽前要进行枝干修剪，最好将树干主梢、粗大侧枝的侧梢同步缩截，以减少叶面蒸腾。截完后立即对主干、侧枝截口进行包封处理，以防树干水分散失。利用罗汉松耐修剪和叶形小的特点，制作各种造型，如圆球形、圆锥形、多层球形等，只需根据事先设计的图形修剪即可。如修剪三层球形时，先选择一主干明显、直立状较好的树苗。如修剪设计为总高 2 米的三层球形，则低层高约 50 厘米，中间层高约 40 厘米，最上层高 30 厘米，需剪去一、二层间 45 厘米和二、三层间 35 厘米主干的所有枝条，然后修剪三个球形。以上、中、下三球渐大为宜，以使比例协调，有较好的观赏性，一般新枝抽梢 20~30 厘米时修剪为宜，需多次修剪，使各层球形圆实紧凑。

## 21. 东北红豆杉

*Taxus cuspidata* Sieb. et Zucc.；红豆杉科红豆杉属

**整形修剪**：幼年树生长旺盛、徒长枝多，应以扩大树冠、缓和树势为主要目的，采取轻剪，对抽枝细、弱、短的顶部及外围开始枯枝的衰老树，修剪量要逐年适度加重。大树移栽前要进行枝干修剪，最好将树干主梢、粗大侧枝的侧梢同步缩截，以减少叶面蒸腾。截完后立即对主干、侧枝截口进行包封处理，以防树干水分散失。根据造型的需要，随时剪除多余的枝条。疏枝要外密内稀，以利于通风透光。

## 22. 矮紫杉

*Taxus cuspidata* var. *nana* Hort. ; 红豆杉科红豆杉属

**整形修剪**：幼苗期间自然生长，不做强力修剪，只需修剪枯死枝。大树移栽前要进行枝干修剪，最好将树干主梢、粗大侧枝的侧梢同步缩截，以减少叶面蒸腾。截完后立即对主干、侧枝截口进行包封处理，以防树干水分散失。矮紫杉每年秋后萌芽，翌年春放叶，若养护得法，春夏可生长枝叶 2 次。主要剪除徒长枝和过密枝，以保持树形疏密相称。每隔 2~3 年进行一次，时间宜在 2~3 月为好。剪去过长过密根须及烂根、枯根，换去 1/3 或 1/2 的旧土，壅以疏松肥沃的培养土。

## 23. 粗榧

*Cephalotaxus sinensis*（Rehd. et Wils.）Li；三尖杉科三尖杉属

**整形修剪**：粗榧耐修剪，幼苗期间不做强力修剪，只需剪去枯死枝、长势弱的枝条。大树移栽前要进行枝干修剪，最好将树干主梢、粗大侧枝的侧梢同步缩截，以减少叶面蒸腾。截完后立即对主干、侧枝截口进行包封处理，以防树干水分散失。定植后修剪要及时疏除弱、病枝，增加冠内的通风透光性，以保持良好的观赏性。

## 24. 杉木

*Cunninghamia lanceolata*（Lamb.）Hook. ；杉科杉木属

**整形修剪**：杉木树形为中心干明显的自然式圆锥形，其中央领导干明显，顶端优势强，自然整枝力强，无需多修剪，苗期无需做修剪。要及时剪去下面枯死枝。大树移栽前要进行枝干修剪，最好将树干主梢、粗大侧枝的侧梢同步缩截，以减少叶面蒸腾。截完后立即对主干、侧枝截口进行包封处理，以防树干水分散失。树木长到 4 米以后，上端不必剪除分枝，可任其自然生长。另外，要及时疏除弱、病枝，增加冠内的通风透光性，以保持良好的观赏性。

## 25. 水杉

*Metasequoia glyptostroboides* Hu et Cheng；杉科水杉属

**整形修剪**：水杉树形为中心干明显的自然式圆锥形，顶芽发达，一般具有明显的中心主干，故一般只做自然式修剪，注意保持中心主干的顶端优势。苗期修剪是要及时抹去侧芽，保证幼年苗木的直立生长。大树移栽前要进行枝干修剪，最好将树干主梢、粗大侧枝的侧梢同步缩截，以减少叶面蒸腾。截完后立即对主干、侧枝截口进行包封处理，以防树干水分散失。对中心主干上、中、下部着生的许多主枝，要分别按情况进行适势疏除。轮与轮之间，主枝的排列不能重叠，以尽量扩大与阳光的接触面。树冠内的枯死枝、细弱枝、病虫枝等也要随时疏除。当树高生长到 3 米以上时，中心主干下部主枝即要逐步疏去 2~3 个，以当年顶端的新主枝来替补。

## 26. 池杉

*Taxodium distichum*（L.）Rich.；杉科落羽杉属

**整形修剪**：池杉是节节高的直生乔木，其枝条是自下而上交替自然脱落为主的，本身自然整枝性能较好，一般情况下终生不需要人工修枝，因特殊情况确需处理弱枝和树干底部的不健康枝，也要遵循树枝总量应超过树高 2/3 的原则。池杉的幼苗、幼树甚至大树常生长双梢，抚育管理时，要注意剪除其中生长细弱的一个梢头，仅留一个主梢向上生长；树冠下部生长不良的侧枝以及在树冠内部显著影响生长的特别粗大的侧枝，都要及时剪去。池杉通常呈现主干明显的自然式圆锥形，顶芽发达，一般具有明显的中心主干，故一般只做自然式修剪，注意保持中心主干的顶端优势。

# 二、阔叶树整形修剪技术

## 1. 五角枫

*Acer mono* Maxim.；槭树科槭树属

**整形修剪**：五角枫不宜在冬季和早春修剪，若在冬季、早春修剪极易遭受风寒，而且剪口处会发生伤流，故最好在 3 月底至 4 月初于生长初期进行修剪。在修剪中要疏剪、短截、剥芽相结合。修剪时首先应确立主干延长枝,对呈主轴分枝式的苗木,修剪时应抑制侧枝,促进主枝生长。对顶芽优势不强的苗木,修剪时应顶端摘心,选择一个长势旺盛的侧枝代替主枝,剪口下选留靠近主轴的壮芽,抹去另一对芽,剪口应与芽平行,间距6~9厘米,这样修剪,新发出的枝条靠近主轴,以后的修剪中留芽的位置方向应与上一年留芽方向相反。按此法可保证延长枝的生长不会偏离主轴,使树干长得直。确立主干延长枝后,再对其余侧枝进行短截或疏剪。待养干工作完成后,可定干培养树冠。可在剪口下选择3个发育良好且不在同一轨迹的3个芽作主枝培养,待主枝长至80厘米时应对其进行摘心,在每个主枝上培育2个侧枝,侧枝应各占一方,不互相重叠,待侧枝长到1厘米左右时进行短截,培养二级侧枝。在以后的修剪工作中,只需对过密枝、病虫枝进行修剪即可。

## 2. 黄栌

*Cotinus coggygria* Scop. ; 漆树科黄栌属

**整形修剪**:黄栌生长较快,春季发芽修剪一次,剪除过密枝条和影响造型的枝条,使枝叶疏密得当。如枝叶过密,就会影响观赏枝干的优美形态。成形树修剪以冬季落叶后、萌芽前修剪为主,生长季修剪为辅。夏季修剪主要以调整光照为目的,及时剥除萌蘖。疏除过多、过密枝条。冬季修剪疏除过密枝、细弱枝、干枯枝、病虫枝、重叠枝、杂乱背下枝。短截留下的枝条,剪口处应留外向芽,留下的枝条应错落相间。

## 3. 火炬树

*Rhus typhina* Torner. ; 漆树科盐肤木属

**整形修剪**:在园林应用中,火炬树常有两种树形,一是小乔木状,二是灌木状。

(1) 小乔木状修剪方法

①选择长势健壮、干性强的幼苗,将其侧枝全部疏除,只保留主干。秋末对主干进行短截,翌年在剪口下选择一个长势健壮的新枝作

主干延长枝，其余新生枝条全部疏除。

②生长过程中及时将主干延长枝上的侧枝疏除，秋末再按上一年方法对主干进行短截，第三年春天按第二年的方法选留壮枝作主干延长枝。

③待主干长至一定高度时可开始培养主枝，方法是对枝顶进行短截后，选留3~4个长势健壮、分布均匀的枝作主枝，主枝长到一定长度后，对其进行摘心，促生侧枝。

④秋末对侧枝进行短截，促生二级侧枝。这样基本树形就形成了，以后的养护中只需将冗杂枝、干枯枝、下垂枝及时修剪即可。

（2）灌木状修剪方法

对于灌木状火炬树的修剪，主要以坚持树体通透为原则，栽培养护过程中，及时将冗杂枝、干枯枝、过密枝、下垂枝疏除，还要及时将周围的萌蘖苗及时剪除。

### 4. 棕榈

*Trachycarpus fortunei*（Hook. F.）H. Wendl.；棕榈科棕榈属

**整形修剪**：棕榈树的修剪，主要以坚持树体通透为原则，栽培养护过程中，及时将冗杂枝、干枯枝、过密枝、下垂枝疏除，保持棕榈的整体树形，一般大树不用修剪。在园林应用中，棕榈树选择长势健壮、干性强的幼苗，将其侧枝全部疏除，只保留主干。秋末对主干进行短截，翌年在剪口下选择一个长势健壮的新枝作主干延长枝，其余新生枝条全部疏除。生长过程中及时将主干延长枝上的侧枝疏除，秋末再按上一年方法对主干进行短截，第三年春天按第二年的方法选留壮枝作主干延长枝。

### 5. 梓树

*Catalpa ovata* Don.；紫葳科梓树属

**整形修剪**：采用混合式整形中的自然开心形。为培养通直健壮主干，在苗木定植的第二年春，可从地面截干，使其重新萌发新枝，选留一个生长健壮且直立的枝条作为主干培养，其余去除。苗木定干后，在其顶端选留 3 个侧芽，作为自然开心形的主枝培养，这 3 个主枝应适当间隔、相互错开，不可为轮生，剪掉其他枝条。以后生长靠这 3 个斜向外生长的主枝扩大树冠。栽植第三年，对这 3 个主枝短截，留 30~50 厘米，同时保留主枝上的侧枝 3~4 个，彼此间相互错落分布，各占一定空间，侧枝要自下而上，保持一定从属关系。以后树体只做一般修剪，剪掉干枯枝、病虫枝、直立徒长枝。对树冠扩展太远、下部光秃者应及时回缩，对弱枝要更新复壮。

### 6. 木棉

*Bombax ceiba* L.；木棉科木棉属

**整形修剪**：参阅梓树。

### 7. 紫荆

*Cercis chinensis* Bunge；豆科紫荆属

**整形修剪**：紫荆耐修剪，可在冬季落叶后至春季萌芽前剪除病虫枝、交叉枝、重叠枝，以保持树形的优美。由于紫荆的老枝上也能开花，因此在修剪时不要将老枝剪得过多，否则势必影响开花量。紫荆的萌芽力较强，尤其是基部特别容易萌发蘖芽，应及时剪去这些萌芽，以保持树形的优美，并避免消耗过多的养分。

### 8. 皂荚

*Gleditsia sinensis* Lam.；豆科皂荚属

**整形修剪**：在苗木定植的第二年春，可从地面截干，使其重新萌发新枝，选留一个生长健壮且直立的枝条作为主干培养，其余去除。苗木定干后，在其顶端选留 3 个侧芽，剪掉其他枝条。作为行道树，分枝点应在 3~3.5 米，留 3~5 个均匀配列的侧枝，并短截至 30~50 厘米长作为主枝培养，及时抹除萌芽。第三年留二级枝，即可形成树冠骨架。应及时疏除过密枝、交叉枝、重叠枝、病虫枝。皂荚的侧枝生长较平展，过长时易下垂，应及时对其短截，剪口留内向壮芽；疏除徒长枝、背上直立枝，如果周围有空间可采取轻短截的办法促发二次枝，弥补空间。

### 9. 苏铁

*Cycas revoluta* Thunb. ；苏铁科苏铁属

**整形修剪**：苏铁生长比较缓慢，每年仅长 1 轮叶丛。当新叶展开成熟后，才把下部的老叶剪除，保持 2~3 轮叶片，不用经常修剪。当叶片受到病虫的危害或因自然环境恶劣而黄化、干枯时，应及时剪去。

### 10. 柿树

*Diospyros kaki* Thunb. ；柿树科柿属

**整形修剪**：一般修剪成主干分层形，以冬剪为宜。修剪的主要作用是搭好骨架，培养树形，增加枝量。定植后，选择主干上生长茂盛的顶端枝作为中央主枝，其下面的 2~3 个枝当主枝后补，生长期以摘心、轻剪为主要修剪方式，促进新枝生成。冬季整理弱枝，留生长好的枝并剪去 1/3。成形树要避免树体生长势的衰弱，一般花芽在去年充实枝的顶部发育，而长的徒长枝、弱枝、结果枝不发育花芽，生长期应选留部分强壮徒长枝，适时摘心，培养结果枝组。冬季修剪，应分期疏除弱枝条，回缩衰弱枝组，扶持更新枝向外斜上方生长。疏缩相结合，培养新内膛枝组，增强透光。冬剪时应把结果枝或 1/3 结果母枝短截。调整下垂枝、骨干枝的角度，均衡生长势。剪除病虫枝、干枯枝、细弱枝。

### 11. 杜仲

*Eucommia ulmoides* Oliv. ；杜仲科杜仲属

**整形修剪**：杜仲在园林中常用的树形是自然圆冠形和自然开心形。自然圆冠形就是在定干后当植株顶端长出新枝条，将过密的和细小的枝条疏除，其余保留，任其自然生长形成主枝。自然开心形，是在新抽生的枝条中，选取 3~4 个长势健壮且分布均匀、与主干有一定夹角的枝条作为主枝培养，其余枝条全部疏除。以后每个主枝培养 2~3 个侧枝，秋末对侧枝进行短截，培养二级侧枝。基本树形形成后，及时疏除病虫枝、下垂枝、交叉枝和过密枝即可。据空间大小、不同用途，疏除、短截，选用徒长枝，作更替枝使用。据生长势强弱适当修剪主枝，保持优美冠形。剪除萌蘖及生长不匀称的枝。

## 12. 丝绵木

*Euonymus bungeanus* Maxim.；卫矛科卫矛属

**整形修剪**：丝棉木夏季修剪主要是在生长期，时间范围是从春季萌发新梢开始，到秋末停止生长为止。在此期间只能做局部的轻度修剪，剪掉枯萎或折断的枝条，从而保持株形的整齐、优美。

丝棉木冬季修剪是指休眠期的修剪，时间范围是从秋末枝条停止生长开始，到翌年早春顶芽萌发前为止。此期间修剪较重，修剪的重点是根据不同种类的花木生长特性进行疏枝和短截。

## 13. 大叶黄杨

*Euonymus japonica* Thunb.；卫矛科卫矛属

**整形修剪**：多为人工式球形。定植以后，可以根据需要进行修剪。第一年在主干的顶端留取 2 个对生枝，用此来作为第一层的骨干枝；第二年，在第一层主干上再留 2 个侧枝，短截，作为第二层骨干枝。待上述的 5 个骨干枝增粗后，便形成疏朗骨架。生长季节反复多次对外露枝修剪，以便形成丰满的球形树。每年剪去树冠内的病虫枝、细弱枝和过密枝，以使树冠内通风透光。由于树冠内外不断地生出新枝，应随时修剪球面，以形成美丽可观的球形树。大叶黄杨常用作绿篱材料、整形植株材料或作盆栽观赏。

## 14. 刺槐

*Robinia pseudoacacia* L.；豆科刺槐属

**整形修剪**：在城市绿化中作为行道树时，多修剪为中央领导干形树冠。选留生长旺盛、直立的枝条作为主干，其余的枝条依情况不同进行疏除，疏除树冠上部粗壮的竞争枝、徒长枝、直立枝及部分过密的侧枝、下垂枝和枯死枝。夏季剪截去掉直立强壮的侧枝，根据压强留弱、去直留平、树冠上部重剪、下部轻剪长留的原则，分次剪截，剪口下留小枝条，不能从基部疏剪掉，以免主梢风折或生长衰弱。每隔 3 年进行一次回缩修剪，并剪除过密枝条和枯死枝。成形树修剪时采取常规性修剪。生长期及时抹除主干上的萌蘖，冬季疏除树冠内部的过密枝条、干枯枝、病虫枝即可。在土壤坚硬的立地条件下，以疏为主适当控制树冠的透风度，以减少风灾。

## 15. 槐

*Sophora japonica* L.；豆科槐属

**整形修剪**：整形期修剪，主要是适时截干，每年在春季生长停止后、第二个生长季节来临前（一般在 7 月上旬），将顶端弯曲部分剪断，发出新枝后，选择一个垂直向上的枝作新的主干。可根据需要整形修剪成自然开心形、杯状形和自然式合轴主干形 3 种树形。自然开心形即当主干长到 3 米以上时定干，选留 3~4 个生长健壮、角度适当的枝条作主枝，将主枝以下侧枝及萌芽及时除去，冬剪时对主枝进行中短截，留 50~60 厘米，以形成小树冠；杯状形即定干后同自然开心形一样留好 3 个大主枝，冬剪时在每个主枝上选留 2 个侧枝短截，形成 6 个小枝，夏季时进行摘心，控制生长，翌年冬剪时在小枝上各选2 个枝条短剪，形成杯状造型；自然式合轴主干形是指留好主枝后，以后修剪只要保留强壮顶芽、直立芽，养成健壮的各级分枝，使树冠不断扩大。

## 16. 龙爪槐

*Sophora japonica* L. var. *japonica* f. *pendula* Hort.；豆科槐属

**整形修剪**：龙爪槐的整形修剪主要有伞状、圆柱状、球状、长廊状、塔状、匍匐状和亭形。伞状接近龙爪槐的自然生枝状况，是龙爪槐栽培中最常用的一种整形方式；圆柱状过多地进行人为修剪，充分发挥其自然下垂的特点；球状造型适合在小型花坛及草地上布置；长廊状如窗帘的流苏，形成廊檐，起到装饰作用；塔状造型需要选干高在 3~4 米的槐进行分层嫁接，主干无分枝的槐顶端抹头后进行插皮枝接；匍匐状龙爪槐枝条生长垂地后，不进行短截，而是在距地 20 厘米左右立一支架，让新梢匍匐向前生长，可对新梢适当加以人工引缚；亭形龙爪槐成等边三角形或正方形栽植，株间距不超过 3 米，5 年左右亭亭如盖。

## 17. 银杏

*Ginkgo biloba* L.；银杏科银杏属

**整形修剪：**苗期银杏无需特殊修剪，移栽前可进行定干修剪，同时将过密枝、病虫枝、伤残枝及枯死枝剪除。在其生长过程中，因生长缓慢，一般不修剪。在整形期修剪中，银杏修剪通常以自然树形即有中央领导干的冠形为主。定植时，将顶端直立、生长强壮的枝条作为中央领导干的延长枝培养并可不短截，疏剪干枯枝、病虫枝即可。成形树修剪时，采取自然式修剪。疏除竞争枝、枯死枝、下垂衰老枝，使枝条上短枝多、长枝少，及时疏除过密枝。

## 18. 七叶树

*Aesculus chinensis* Bunge；七叶树科七叶树属

**整形修剪：**在生长过程中一般不需要修剪，只需将影响树形的无用枝、混乱枝剪去即可。在城市绿化中，七叶树常用的整形方式为高干自然式圆球形、卵圆形。在幼苗展叶期抹去多余的分枝，当幼苗长至 3~3.5 米时，截去主梢定干，选留 3~5 个生长健壮、分枝均匀的主枝短截，夏季在选定的主枝上选留 2~3 个方向分布均匀的芽培养侧枝。翌年夏季对主侧枝摘心，控制生长，其余枝条按空间选留。第三年，按第二年方法继续培养主侧枝。以后注意保留辅养枝，对影响树形的逆向枝疏除，保留水平或斜向上的枝条，修剪时不可损伤中干和主枝。在修剪时应注意，整形修剪在每年冬季或翌春发芽前进行，整形修剪以枝条分布均匀、生长健壮为原则。

## 19. 胡桃

*Juglans regia* L.；胡桃科胡桃属

**整形修剪：**幼树的修剪主要剪除弱枝、交叉枝、重叠枝、平行枝及病枝，以培养各级骨干枝。整形期修剪宜在采果后至落叶前进行。定干高度宜在 3~3.5 米。中心主干用顶芽枝作延长枝，多留辅养枝。主枝上控制竞争枝和背后枝的数量及生长势。辅养枝采用先放后缩法培养枝组。疏除徒长枝、病弱枝、枯死枝。切忌短截结果枝。对必要的细弱枝可短截。成形树修剪，须在采果后到叶片未变黄前进行。适当修剪骨干枝，保持优美树形，平衡树势。衰弱枝组的更新采用先放后缩法，选留健壮的背斜枝或背上枝回缩更新。枝组的培养：去背后留背上或背斜枝成为枝组，并使枝组分布均匀，充分利用空间。对中心主干侧枝上的辅养枝，有空间的要长放，并培养成枝组，空间小的要回缩，无空间的要疏除。下垂枝的修剪，衰弱的要疏除，中庸的要回缩，健壮的要保留。徒长枝的修剪，可疏除，可培养成枝组，也可作为更新枝使用，依据实际情况而定。疏除病弱枝、枯死枝。

## 20. 枫杨

*Pterocarya stenoptera* C. DC.；胡桃科枫杨属

**整形修剪**：枫杨在栽植前应按使用要求进行截干处理，截干后及时对伤口进行处理，防止腐烂并减少水分蒸发。种植成活后，剪口下会萌发一些新枝，当新枝长至 40 厘米左右时，选择 3~4 个长势健壮、离主干顶端较近、分布均匀的枝作主枝培养。所选枝条应不在同一轨迹生长，且与主干有一定的夹角，其余枝条全部从基部疏除。秋末落叶后对所选留的主枝进行短截，剪口下留外芽，翌年对主枝上的新生枝条进行修剪。在每个主枝上选留 2 个侧枝，其余全部疏除。7~8 月对侧枝进行摘心处理，秋末对侧枝上的枝条进行修剪，以疏枝为主，短截为辅，每个侧枝上保留 2~3 个二级侧枝，对所保留的二级侧枝进行短截。经过 3 年的修剪，枫杨的基本树形即可形成，在以后的管理中，只需进行常规修剪，将病虫枝、下垂枝、干枯枝、过密枝、交叉枝进行修剪即可。

## 21. 香樟

*Cinnamomum camphora*（L.）Presl.；樟科樟属

**整形修剪**：常形成自然圆形树冠，整形方式以自然直干形为主，也可采用多主枝形。苗木出圃与移植前应对根部进行处理（不带土球的情况下），剪掉断根、枯根、烂根等，保留骨架枝。为了减少水分的蒸腾，保持地上部分与地下部分的水分平衡，提高移植成活率，必须对枝叶进行大强度的修剪。从主干上剪除所有枝条的 2/3，仅留1/3。定植后对苗木进行整形修剪，以保持适当的分枝点和丰满的树冠。应根据苗木的长势，每年在叶芽萌动以前，自下而上从主干上剪去 1~2 层枝条，逐步提高苗木的分枝点。定干高度宜在 3~3.5 米。在生长季节，随时调整树形，及时将长势强于主干的竞争枝剪除或向下压，剪除一部分枝梢，以保持树势的平衡，形成优美的树冠。及时修剪树冠内的细弱枝、病虫枝、交叉枝、并生枝等，保持树冠的通透性，以减少不必要的营养消耗和减少病虫害的发生。

## 22. 楠木

*Phoebe zhennan* S. Lee et F. N. Wei；樟科楠属

**整形修剪**：楠木属于常绿阔叶树，可采用中央领导干形。选留生长旺盛、直立的枝条作为主干，侧枝过密可以疏除，主干高度保持 3 米左右。其余的枝条依情况不同进行疏除，疏除树冠上部粗壮的竞争枝、徒长枝、直立枝、下垂枝和枯死枝。夏季剪截去掉直立强壮的侧枝，根据压强留弱、去直留平、树冠上部重剪、下部轻剪长留的原则，分次中截，剪口下留小枝条，不能从基部疏剪掉，以免主梢风折或生长衰弱。每隔 3 年进行一次回缩修剪，并剪除过密枝条和枯死枝。成形树修剪时采取养护修剪，生长期及时抹除主干上的萌蘖，以保持原有的树形，获得营养生长与开花结实的平衡及保持树体健康，提高栽培效益。

## 23. 鹅掌楸

*Liriodendron chinense* (Hemsl.) Sargent；木兰科鹅掌楸属

**整形修剪**：鹅掌楸树形高大，树冠圆锥形。整形方式多以自然直干形为主。保留主干，主干如果受损，必须再扶 1 个侧枝作为主轴，并将受损的原主干截去。每年在主轴上形成一层枝条。因此，新植树木修剪时每层留 3 个主枝，3 年全株可留 9 个主枝，其余疏剪掉，修剪后即可长成圆锥形树冠。日常注意疏剪树干内密生枝、交叉枝、细弱枝、干枯枝、病虫枝等。以后每年冬季，对主枝延长枝重截1/3，促使腋芽萌发，其余过密枝条要疏剪掉。如果各主枝生长不平衡，夏季对强枝条进行摘心，以抑制生长，达到平衡。对于过长、过远的主枝要进行回缩，以降低顶端优势的高度，刺激下部萌发新枝。

## 24. 玉兰

*Magnolia denudata* Desr.；木兰科木兰属

**整形修剪**：玉兰的修剪以自然直干形的小乔木树形为最佳，对已种植 1~2 年的玉兰进行修剪，应截去过高主枝的上部，促使侧枝的萌发。每盆树苗宜留 5~8 根侧枝，要顾及侧枝上的分枝。种植了 3~5 年的植株，宜修剪成 1 米多高的椭圆形树冠，具有十几根侧枝和相当数量的分枝。修剪在早春展叶前进行。玉兰一般不进行短截，以免剪除花芽。如需要修剪，应对较大的伤口涂抹波尔多液，以防止病菌侵染。每年应修去徒长枝、病虫枝和枯枝，摘除部分老叶，以利于植株通风透光，树形优美。这样就可以在夏季不断地开花，树枝将更优美。

## 25. 广玉兰

*Magnolia grandiflora* L.；木兰科木兰属

**整形修剪**：广玉兰属于常绿阔叶树，可采用中央领导干形。选留生长旺盛、直立的枝条作为主干，侧枝过密可以疏除，主干高度保持 2~2.5 米。其余的枝条依情况不同进行疏除，疏除树冠上部粗壮的竞争枝、徒长枝、直立枝、下垂枝和枯死枝。夏季剪截去掉直立强壮的侧枝，根据压强留弱、去直留平、树冠上部重剪、下部轻剪长留的原则，分次中截，剪口下留小枝条，不能从基部疏剪掉，以免主梢风折或生长衰弱。每隔 3 年进行一次回缩修剪，并剪除过密枝条和枯死枝。成形树修剪时采取养护修剪，生长期及时抹除主干上的萌蘖，以保持原有的树形，获得营养生长与开花结实的平衡及保持树体健康，提高栽培效益。剪除病虫枝、重叠枝、内膛枝和扰乱树形的枝条，并保持树的完整，结合摘叶。

## 26. 紫玉兰

*Magnolia liliflora* Desr.；木兰科木兰属

**整形修剪**：紫玉兰的修剪多采用自然杯状。定植后，留 1~1.5 米高剪去主干，留 3~4 个新梢作主枝，其余新梢均剪除，两主枝间高低距离约 20 厘米即可。对当年生长过旺的新梢应摘心，冬季将各主枝中截。翌年在各主枝先端留延长枝，并在主枝下部留 1~2 个新梢作副主枝，其余的则作侧枝处理，对过密的枝条应疏除。及时剪除树干、根上的萌蘖。如此 2~3 年即形成树冠骨架并开始开花结果。以后可任其自然生长，修剪时，注意使树冠逐年适当扩大，除去萌蘖、徒长枝、过密枝及衰老枝、干枯枝。疏除过密枝时，可将成对的枝条剪去一个而保留另一个。

## 27. 苦楝

*Melia azedarach* L.；楝科楝属

**整形修剪**：整形修剪有两种形式，即自然开心形和中央领导干形。自然开心形，定干高度可在 2.5~3 米。主干达到要求高度后，宜在主干顶部留 3~5 个主枝并短截，剪口处留内向芽。翌年，及时抹除主干、主枝上的萌芽，每个主枝上只留向上生长的枝条 2~3 个并短截，依此即可形成斜向上的枝干结构。中央领导干形，在芽萌发后，在主干顶部选留一个直立、强壮的枝条作为主干延长枝培养，其余枝条去强留弱，并将弱枝短截；若没有较直立的枝条，可选留一个强壮枝条，用外物支撑扶正。及时剪除竞争枝，保持顶端优势，即可培养成中央领导干形树冠。生长期及时剪除病虫枝、下垂枝等。成形树修剪应及时抹除萌芽，疏除过密枝、重叠枝、交叉枝、病虫枝、干枯枝等。但其侧枝较平展，易下垂，应及时对其短截，促生小侧枝的萌生，也可利用背上枝，将其短截，形成斜向上的枝干结构。

## 28. 香椿

*Toona sinensis*（A. Juss.）Roem.；楝科香椿属

**整形修剪：**香椿作为行道树，整形修剪可分为中央领导干式和千头椿式两种。中央领导干式修剪，若定植苗为截干苗，当枝条萌生后，选留主干顶部一个生长健壮、直立的枝条作为主干延长枝培养，其余枝条全部剪除。冬季，疏除直立徒长枝、背上枝，短截竞争枝，保持主干延长枝的顶端优势。每年如此，即可培养成中央领导干形的树冠。千头椿式修剪，在截干定植后，对第一年萌发的枝条选留其顶部 3~4 个枝条作主枝，任其自由生长；冬季，疏除直立的徒长枝、背上枝，并在每个主枝上部选留一个壮枝作为延长枝，对其他直立枝要全部疏除，对其侧生枝条要尽力保留，并严格控制"树上树"。每年如此，即可培养如千头椿状的株形。成形树修剪，采取常规性修剪措施。以调整树势为目的，去弱留强，及时剪除病虫枝、干枯枝、过密枝、重叠枝、交叉枝等，疏除直立枝、竞争枝，保留平庸枝。修枝的刀、剪要锋利，修剪时要紧贴树干由下向上切削，切口要平滑，伤口要小。切忌拉伤树皮，影响树木生长发育。

## 29. 合欢

*Albizia julibrissin* Durazz.；豆科合欢属

**整形修剪：**整形期修剪，定干高度 3~3.5 米。选择上下错落的 3 个侧枝作为主枝，冬季对 3 个主枝短截，在各主枝上培养一些高低错落的侧枝，保持适当的分枝点和丰满的树冠。随时调整树形，短截扰乱树形的旺长枝，保持主干的直立性及树势的平衡，并及时修剪树冠内的细弱枝、病虫枝、交叉枝、并生枝、枯枝等，保持树冠的通透性，以减少营养消耗和病虫害的发生，形成优美的树冠。成形树修剪，主要采取常规性修剪。剪除枯死枝、病虫枝即可。但当树冠扩展过远，下部出现光秃现象时，要及时回缩换头。树干受伤后易形成条状干枯，在修剪时，一是注意不要给树体造成创伤，二是要尽力改善光照条件。

## 30. 构树

*Broussonetia papyrifera*（L.）Vent.；桑科构树属

**整形修剪**：构树在园林应用中一般呈自然圆冠形。整形期修剪，栽植时根据需求进行截干，主干高度 3 米左右，保留 3~4 个均匀配列的主枝并进行短截，促发次级侧枝的生长，抹去其余枝和主枝上的萌芽。修剪后，伤口应涂防腐剂。由于构树根萌蘖性强，平时管护注意不要伤及根部，及时除去根蘖苗。成形树冬季不宜进行修剪，应于生长期修剪，以防止伤流。萌芽后至新梢或副梢停止延长生长，这一时期为最佳时期。应剪去病虫枝、干枯枝、过密枝、内膛枝及扰乱树木整体树形的枝条，伤口应涂抹防腐剂。构树枝叶平展，且木质较脆，侧枝常因过长而产生劈裂现象，应在生长期及时对侧枝短截。构树是桑天牛成虫的啃食对象，所以在桑天牛发生严重的地区，修剪要注意剪除被桑天牛危害严重的嫩枝。

## 31. 榕树

*Ficus microcarpa* L. f.；桑科榕属

**整形修剪**：榕树耐修剪，萌发力强，生长快。修剪一般在 5 月为最佳，生长期要给植株进行摘心和抹芽，秋季再进行一次大的修剪，此后不进行修剪。修剪时首先要以整形为主，整体形状要好，以大局为主修剪，去除过密枝、病虫枝、交叉枝等。使其整体产生层次美。有新叶生长时要加强肥水管理，促使叶片、枝条快速生长，在阳光充足处生长的叶片既密又小且厚，观赏价值高。

## 32. 桑树

*Morus alba* L.；桑科桑属

**整形修剪**：可根据用途，培育成高干、中干、低干等多种形式，园林上一般采用高干广卵形树冠整形。栽植当年，发芽前进行苗木定干，高度 35~40 厘米，剪口下 10~15 厘米的地方留 3~5 个芽，培养 3 个主枝。第二年春季发芽前，对第一层主枝进行短截，截留长度 80~

90 厘米，发芽后选留第二层培育 6 个侧枝，第三年春季发芽前，对 6 个侧枝进行短截，截留长度 110~120 厘米。适时摘心是种好桑树的关键。在冬季进行整枝修剪，对弱枝、横头条、枯桩、枯枝和死杈及时除去，集中烧毁。

## 33. 白蜡

*Fraxinus chinensis* Roxb.；木犀科白蜡树属

**整形修剪**：整形期修剪以培养中央领导干形为主。当中心领导干有竞争枝时要及时疏除，当中心领导干受损时，剪掉受损部分重新培养中心领导干。但要注意，当用萌条作中心领导干时，如果萌条过于徒长容易产生弧弯，这时要在弧弯处剪掉并尽量多留侧生枝，以促使中心领导干加粗生长。成形树修剪一般采用常规性修剪。修整成自然椭圆形，剪除干枯枝、病虫枝、萌蘖枝、交叉枝，回缩或除去下垂枝。如果主枝的延长枝过长，应及时回缩，或利用背后枝、斜侧枝当主枝的延长头。对于主枝背上的直立徒长枝要齐基部剪掉。如果主枝两侧有一些小侧枝，又有空间，不扰乱树形，不影响主枝生长，也可以留下。剪锯口平滑，不留橛。使枝条分布均匀，树冠完整美观，高度一致。

## 34. 女贞

*Ligustrum lucidum* Ait.；木犀科女贞属

**整形修剪**：园林绿化中有两种应用形式，一是灌木形式作绿篱，二是小乔木形式作行道树、庭荫树等。用作灌木可以根据生长情况，在苗圃移植时短截主干 1/3。在剪口下只能选留 1 个壮芽，使其发育成主干延长枝；而与其对生的另一个芽，必须除去。为了防止顶端竞争枝的产生，同时要破坏剪口下第 1~2 对芽。用作行道树和庭荫树时，对大苗中心主干的 1 年生延长枝短截 1/3，剪口芽留强壮芽，同时要除去剪口下面第一对芽中的 1 个芽，以保证选留芽端优势。为防止顶端产生竞争枝，对剪口下面第二对、第三对腋芽要进行破坏。位于中心主干下部、中部的其他枝条，要选留 3~4 个（以干高定）有一定间隔且相互错落分布的枝条作主枝。每个主枝要短截，留下芽，剥去上芽，以扩大树冠，保持冠内通风透光。其余细弱枝可缓放不剪，辅养主干生长。

## 35. 二球悬铃木

*Platanus hispanica* Muenchh.；悬铃木科悬铃木属

**整形修剪**：整形修剪分为两种形式，杯状形和中央领导干形。杯状形修剪，行道树定干高度宜为 3~3.5 米，在其截干顶端均匀地保留 3 个主枝在壮芽处进行中截，冬季可在每个主枝中选 2 个侧枝短截作为二级枝；翌年冬季，在二级枝上选 2 个枝条短截为三级枝，则可形成三杈六股十二分枝的杯状形造型。剪口留外向芽，主干延长枝选用角度开张的壮枝。在选留枝条和选取剪口部位时，必须要把握二级枝弱于主枝、三级枝弱于二级枝。栽植地上方没有线路时，可修剪为中央领导干形。当栽植苗为截干苗时，采用接干法，即在主干顶部选一个生长健壮、较直立的侧枝作为主干延长枝培养，其余角度小、对主干延长枝有竞争力的枝条全部剪除。冬季，视主干延长枝的生长情况决定采取修剪措施，若其生长健壮，只需疏除过密的、交叉的侧枝，翌年任其自然生长，及时短截与主干延长枝产生竞争的侧枝，即可形成有中央领导干的树冠；若其生长较弱，应齐基部剪除全部侧枝，并将主干延长枝短截，翌年再选一个健壮直立的侧枝作为主干延长枝培养，直至树冠成形。成形树修剪，选用轻剪、重剪或疏除的办法，及时对干枯枝、病虫枝、细弱枝、下垂枝、交叉枝等进行修剪，对于外围枝条也要视其株行距等空间状况采取不同措施，如有发展空间，可采用中截法，促其继续延伸发展。为了保持城市卫生，要尽力剪除其球果。

## 36. 一球悬铃木

*Platanus occidentalis* L.；悬铃木科悬铃木属

**整形修剪**：参阅二球悬铃木。

## 37. 三球悬铃木

*Platanus orientalis* L.；悬铃木科悬铃木属

**整形修剪**：参阅二球悬铃木。

## 38. 梅

*Armeniaca mume* Sieb.；蔷薇科杏属

**整形修剪**：一般梅花修剪多是从幼苗开始。当幼苗长到 25~30 厘米高时截去顶部，萌芽后留顶端 3~5 个枝条作为主枝。当枝条长到20~25 厘米时再进行摘心。第二年花开后留基部 2~3 个芽短截，发芽后及时剪去过密枝、重叠枝，保留枝条长到约 25 厘米时再进行摘心，促使形成更多的花枝。修剪时应注意留芽方向。一般枝条下垂的品种应留内芽，枝条直立或斜生的品种应留外芽，剪口要平。如果梅花不进行短截和摘心，则树形杂乱，开花少。第三年以后根据造型要求，每年反复修剪，则树形优美，树冠丰满，开花繁茂。

## 39. 樱花

*Cerasus serrulata*（Lindl.）G. Don ex London；蔷薇科樱属

**整形修剪**：主要修剪为有一定主干（定干高在 0.5~1 米）的自然开心形。栽植后，根据需要留取一定高度的主干，此高度下的侧枝全部剪除，在主干上留 3~5 个主枝且必须上下互相错落向四周均匀配列，在第三主枝以上剪掉中心主干，以利于通风透光，并形成自然开心形树冠，剪除过密枝、下垂枝、重叠枝、徒长枝等；树冠形成后，其修剪宜在春季花后进行，花落后，将主枝延长枝短截，此即其中下部萌发的中长枝，每年在主枝的中下部各选留 1~2 个侧枝，冬季时可短截其先端，使其中下部多生中、长枝，疏密留稀填补空间，留作辅养枝并增加开花量。侧枝长大，花枝增多时，主枝上的辅养枝即可剪除；几年后，可进行缩剪，更新杂枝。生长期中，及时剪除干枯枝、病虫枝及萌芽枝等。

## 40. 东京樱花

*Cerasus yedoensis*（Matsum.）Yü et Lu. Don ex London；蔷薇科樱属

**整形修剪**：参阅樱花。

## 41. 西府海棠

*Malus micromalus* Makino；蔷薇科苹果属

**整形修剪**：西府海棠除自然式圆头形外，更宜采用疏散分层形。幼树移植后，定干 1~1.3 米截顶。春季萌芽后，将先端生长最强的一枝培养成中心干，其下选留 3~4 个方向适宜、相距 10~20 厘米的枝条为主枝，剪除其余枝条。花芽着生在开花短枝上，早期生长势较强，每年自基部发生多数腋芽，自主枝上发生直立枝，当植株进入开花时令时，多数枝条形成开花短枝，在短枝上连年开花。一般不大进行修剪，可在花后剪除残花。夏季生长旺时，将生长枝进行适当摘心，抑制其生长，并将过多的直立枝进行疏剪即可。成年后基本树形已经形成，注意剪除枯死枝、病虫枝、过密枝、交叉枝、重叠枝，疏除或重短截徒长枝，并及时回缩复壮细弱冗长的枝组。

## 42. 海棠

*Malus spectabilis*（Ait.）Borkh.；蔷薇科苹果属

**整形修剪**：参阅西府海棠。

## 43. 紫叶李

*Prunus cerasifera* f. *atropurpurea*（Jacq.）Rehd.；蔷薇科李属

**整形修剪**：采用自然开心形修剪，修剪时可保留 3 个主枝，每个主枝保留 3~4 个侧枝。应对长枝进行适当修剪，同时将过密的细弱枝剪除，使之保持圆整的冠形。小乔木状修剪，当幼树长到一定高度、具有一定的主干时，选留 3 个不同方向的枝条作为主枝，并对其进行摘心，以促进主干延长枝直立生长。如果顶端主干延长枝弱，可剪去，由下面生长健壮的侧主枝代替。如此培养几层主枝，从而形成小乔木状的卵圆形树冠。每年冬季修剪各层主枝时，要注意配备适量的侧枝，使其错落分布，以利于通风透光。成形树修剪不宜重剪，以维持树形为主，只需剪去病虫枝、枯死枝、内向枝、重叠枝、交叉枝、过长过密的细弱枝，以培养树势。为调整树形，可适当进行疏枝短截，可常年及时修整，但冬季不宜重剪，只需剪去无花芽的秋梢。为防止花芽被修剪，花芽期至开花期严禁修剪，应于花后修剪。但因紫叶李的花观赏价值不高，若不观花其修剪亦可在冬季进行。

## 44. 加拿大杨

*Populus × canadensis* Moench；杨柳科杨属

**整形修剪：**加拿大杨有中央领导干，整形期修剪顶端优势明显，必须保留主尖作为中央领导干。主尖缺损时，应剪除缺损部分，选萌发的壮芽继续作中心领导干培养。防止出现竞争枝，出现多头。当定植苗为截干苗时，仍以培养中央领导干树形为主。冬季应在主干顶部选留一个健壮、直立的枝条作为主干延长枝培养，其余枝条去强留弱，树冠成形后可逐年疏除这些枝条。生长期中，及时短截竞争枝、抹除萌芽。成形树修剪，只做常规性修剪。在冬季植株进入休眠或半休眠期后，对树冠内的密生枝、竞争枝、交叉枝、细弱枝、干枯枝、病虫枝应适时疏剪，老枝萌芽率和成枝率较低，故在老干上抹头后常因不易发芽而造成"憋死"，要慎重操作。

## 45. 钻天杨

*Populus nigra* L. var. *italica*（Muench）Koehne；杨柳科杨属

**整形修剪：**修剪时间可在春季萌芽前或夏季。一般一年 2 次较为合适，即春季、夏季各一次。春季修剪应在树萌芽前 1 个月内进行，修剪强度掌握在 20%～30%。夏季修剪时，为保证钻天杨树形通直向上。必须去除竞争枝和侧枝，在修剪的同时，保证树冠的最低分枝点，一般分枝点应在 2.0～2.5 米，不宜过量修剪，否则会影响钻天杨的生长。除去基部萌芽和影响顶梢生长的竞争枝和副干，保证树干通直圆满、无侧枝。夏季修剪的好处一是可抑制侧枝的生长发育，减少侧枝萌发，二是有利于修剪伤口处的极早愈合。修剪要紧贴树干进行，剪口平滑，不能留茬或撕伤树皮。在整形修剪的剪口、锯口处往往萌出嫩枝，要在春末至夏初及时抹除。

## 46. 毛白杨

*Populus tomentosa* Carr. ；杨柳科杨属

**整形修剪**：整形期修剪，毛白杨有中央领导干，顶端优势明显，必须保留主尖作为中央领导干。主尖缺损时，应剪除缺损部分，选萌发的壮芽继续作中心领导干培养。防止出现竞争枝，出现多头。当定植苗为截干苗时，仍以培养中央领导干树形为主。冬季应在主干顶部选留一个健壮、直立的枝条作为主干延长枝培养，其余枝条去强留弱，树冠成形后可逐年疏除这些枝条。生长期中，及时短截竞争枝、抹除萌芽。成形树修剪，只做常规性修剪。对树冠内的密生枝、竞争枝、交叉枝、细弱枝、干枯枝、病虫枝应适时疏剪，老枝萌芽率和成枝率较低，故在老干上抹头后常因不易发芽而造成"憋死"，要慎重操作。

## 47. 垂柳

*Salix babylonica* L. ；杨柳科柳属

**整形修剪**：垂柳在生长过程中不容易控制，常常长弯，要使垂柳长直，关键在于修剪。1 年生苗如果不到 1 米或形状不好，翌年早春应短截成 10 厘米左右，只留一个主枝，其余侧枝全部剪除。苗长至 2~3 米时，不能剪除全部的侧枝，否则树就容易变弯。2 年生苗可剪除下部的侧枝，上部的侧枝进行短截。整形期修剪，主要是以自然树形为主。定植后选留 3~4 个均匀配列的侧枝作为主枝，对其经过 2 年的培养，调整延伸方向，2 年后，不再突出其主枝的培养，着重调整枝条分布，促使其树冠以中央领导干为圆心向圆形树冠发展。成形树修剪，一是疏除过密枝，借以调整其光照条件；二是对于弱枝、干枝、病虫枝及时疏除，尤其是夏季，在幼树上遭到蝉产卵危害，这时要注意疏除虫卵枝。

## 48. 旱柳

*Salix matsudana* Koidz. ；杨柳科柳属

**整形修剪**：1 年生苗如果不到 1 米或形状不好，翌年早春应短截成 10 厘米左右，只留一个主枝，其余侧枝全部剪除。1 年生苗长至2~3 米时，不能剪除全部的侧枝，否则树就容易变弯。2 年生苗可剪除下部的侧枝，上部的侧枝进行短截。整形期修剪，以自然树形为主。定植后，在主干顶端选留 3~4 个均匀配列的侧枝并短截，作为主枝培养；生长期中，及时剪除萌芽，疏除过密枝、下垂枝，使之形成卵圆形树冠即可。成形树修剪，采取常规性修剪方法。及时疏除过密枝、下垂枝、病虫枝、干枯枝等。

## 49. 馒头柳

*Salix matsudana* var. *matsudana* f. *umbraculifera* Rehd. ；杨柳科柳属

**整形修剪**：馒头柳多采用自然开心形修剪，修剪时可保留 3 个主枝，每个主枝保留 3~4 个侧枝。应对长枝进行适当修剪，同时将过密的细弱枝剪除，使之保持圆整的冠形。每年冬季修剪各层主枝时，要注意配备适量的侧枝，使其错落分布，以利于通风透光。平时注意剪去枯死枝、病虫枝、内向枝、重叠枝、交叉枝、过长过密的细弱枝。成形树修剪不宜重剪，以维持树形为主，只需剪去病虫枝、枯枝、交叉枝、过密枝，培养树势。

## 50. 栾树

*Koelreuteria paniculata* Laxm. ；无患子科栾树属

**整形修剪**：栾树在栽植时一般都做截干处理，栾树定干高度宜2.5~3.5 米。定植后，经过一年的生长，于当年冬季或翌年早春萌芽前，在分枝点以上萌发出的枝条中，选留 3~5 个生长健壮、分布均匀的主枝，中截留 40 厘米左右，其余全部疏除。第二年夏季，及时抹除主枝顶部萌出的侧芽，冬季进行疏枝，在每个主枝上选 2~3 个方向合适、分布均匀的侧枝，其余疏掉，全树共留 6~9 个侧枝，中截长度

40~60 厘米。这样短截 3 年，树冠扩大，树干粗壮，冠形基本形成。栾树幼树顶部出现竞争枝，要及时抹除。成形树每年可进行常规性修剪，疏除干枯枝、病虫枝、内膛枝、交叉枝、细弱枝、密生枝。若主枝的延长枝过长，应及时回缩，或利用背后枝、斜侧枝继续当主枝的延长头。对主枝背上的徒长枝齐基部剪掉。如果主枝两侧长有一些小侧枝，视空间状况，可留下或齐基部剪除。

## 51. 荔枝

*Litchi chinensis* Sonn. ；无患子科荔枝属

**整形修剪**：一般采用多主枝自然圆头形或多主枝自然半圆头形。幼树修剪，在定植后 2~3 年内完成，定干高度 40~60 厘米，选留分布均匀、长势均衡的主枝 3~4 个，主枝与主干的夹角 45°~60°为宜；每主枝距主干 30~40 米处选留侧枝 2~3 个。修剪的对象是：交叉枝、过密枝、弱小枝，以及不让其结果的花穗。可剪可不剪的枝条暂时保留，使养分有效地用于扩大树冠。结果树修剪，合理剪除密枝、阴枝、弱枝、重叠枝、后垂枝、病虫枝、枯枝等，尽量保留阳枝、强壮枝及生长良好的水平枝。

## 52. 泡桐

*Paulownia fortunei*（Seem.）Hemsl. ；玄参科泡桐属

**整形修剪**：采用疏散分层形修剪，萌芽力强，以冬季修剪为宜。当幼树长到一定高度时，选留 3 个不同方向的枝条作为主枝，并对其进行摘心，以促进主干延长枝直立生长。如果顶端主干的延长枝弱，可把它剪去，由下面生长健壮的侧枝代替。每年冬季修剪各层主枝时，要注意配备适量的壮枝条，使其错落分布，以利于通风透光。在定植后，对于中央领导干不够高度时采用接干法，即通过剪截措施促使其提高中央领导干，并保持树干通直。该树种易形成干枝，特别是老树、弱树，要经常进行疏除；易发生丛枝病，应及时清除病枝。适宜在花后修剪，并及时抹除萌芽和萌蘖。

## 53. 臭椿

*Ailanthus altissima*（Mill.）Swingle；苦木科臭椿属

**整形修剪**：臭椿整形修剪可分为中央领导干式和千头椿式两种。中央领导干式修剪，若定植苗为截干苗，当枝条萌生后，选留主干顶部一个生长健壮、直立的枝条作为主干延长枝培养，其余枝条全部剪除。冬季，疏除直立徒长枝、背上枝，短截竞争枝，保持主干延长枝的顶端优势。每年如此，即可培养成中央领导干的树冠。千头椿式修剪，在截干定植后，对第一年萌发的枝条选留其顶部3~4个枝条作主枝，任其自由生长；冬季疏除直立的徒长枝、背上枝，并在每个主枝上部选留一个壮枝作为延长枝，对其他直立枝要全部疏除，对其侧生枝条要尽力保留，并严格控制"树上树"。每年如此，即可培养如千头椿状的株形。成形树修剪，采取常规性修剪措施。以调整树势为目的，去弱留强，及时剪除病虫枝、干枯枝、过密枝、重叠枝、交叉枝等，疏除直立枝、竞争枝，保留平庸枝。

## 54. 青檀

*Pteroceltis tatarinowii* Maxim.；榆科青檀属

**整形修剪**：在生长过程中一般不需要修剪，只需将影响树形的无用枝、混乱枝剪去即可。在城市绿化中，青檀常用的整形方式为高干自然式圆球形。在幼苗展叶期抹去多余的分枝，当幼苗长至3~3.5米时，截去主梢定干，选留3~5个生长健壮的枝条为主枝并适当截短，夏季在选定的主枝上选留2~3个方向分布均匀的芽培养侧枝。翌年夏季对主侧枝摘心，控制生长，其余枝条按空间选留。第三年采用第二年方法继续培养主侧枝。以后注意保留辅养枝，对影响树形的逆向枝疏除，保留水平或斜向上的枝条，修剪时不可损伤中干和主枝，否则无从代替主枝。在修剪时应注意，整形修剪在每年冬季或翌春发芽前进行，以枝条分布均匀、生长健壮为原则。

## 55. 白榆

*Ulmus pumila* L.；榆科榆属

**整形修剪**：白榆进行整形修剪时应适时截干，定干高度一般在

3~3.5米。定干后第二年选留4个均匀配列的主枝（注意不要成轮生）作为树干主体，以后要在主枝上根据空间条件选留二级枝、三级枝。树成形后修剪主要是根据树形和生长空间环境，在空间允许的条件下，尽可能使主枝向外开张角度，扩大树冠。对其主枝每年在壮枝处中截，并根据空间状况选留二级枝、三级枝。在修剪时要明确主枝与二级枝、三级枝之间的主次关系，并依此调整它们的生长势。另外，白榆生长较快，萌芽力强，且病虫害较多，应及时修剪树上的枯枝、病虫枝、交叉枝、过密枝等，以改善冠内通风透光条件。疏剪时，剪口平齐，不留残桩，为防止伤口因水分蒸发或病虫害侵入而腐烂，应在伤口处涂保护剂或用蜡封闭伤口，或包扎塑料布等加以保护，以促进其愈合。

# 三、灌木与藤本整形修剪技术

## 1. 夹竹桃

*Nerium oleander* L.；夹竹桃科夹竹桃属

**整形修剪**：整形通常以低矮主干为主，采用一分三、三分九的均衡树势，形成三权九顶形的基础树冠。绿地种植在这基础上继续扩大树冠，增加分枝，提高绿地观赏效果，上部让其自然生长，适当疏枝、短截调整即可。盆栽植株则以三权九顶形为主体，在其上分生花枝。在北方，夹竹桃的花期为4~10月。地上枝叶修剪一般分4次：第一次是春天谷雨后，剪去病虫枝、弱枝，促进当年第一茬花枝生长，其他修剪时间应在每次开花后；第二次是7~8月间花后剪，为下次开花做准备；第三次是10月间剪去残花，促进营养积累；第四次是冬剪。疏根：夹竹桃毛细根生长较快，及时疏根，可结合土壤施有机肥进行。在9月中旬，在主干周围切黄毛根。切根后浇水，施稀薄的液体肥。适当进行修剪，使枝条生长健壮、分布均匀，促使花大、花艳，树形美观。

## 2. 鸡蛋花

*Plumeria rubra* L. var. *acutifolia*（Poir.）Bailey；夹竹桃科鸡蛋花属

**整形修剪**：鸡蛋花为落叶灌木或小乔木，肉质茎，自然形态的树冠上，肥厚多肉的枝条粗壮稀疏，分权有长有短，似鹿角，不需过多修剪，在相对枝密的空间，适当疏去弱小的枝条，以利于冠内通风透光，也有利于壮枝成花。

## 3. 枸骨

*Ilex cornuta* Lindl.；冬青科冬青属

**整形修剪**：枸骨树形可自然成形，也可人工整形。枸骨萌蘖更新能力很强，耐修剪，无论是绿地种植的树木还是盆栽成景的作品，平时可剪去不必要的徒长枝、萌发枝和多余的芽，以保持一定的树形。对需加工的树材，可根据需要保留一定的枝条，以利于加工造型。北方盆栽多选其老桩制作盆景，亦饶有风趣。

## 4. 常春藤

*Hedera helix* L.；五加科常春藤属

**整形修剪**：常春藤有两种叶形，营养枝上的三角状卵形叶，全缘或三浅裂，花枝上的叶卵形至菱形。营养枝上的叶三角状卵形叶观赏效果较花枝的卵形叶好，枝条长势旺。因此，新栽的植株，待春季萌芽后应进行摘心，促进分生营养叶的枝条，可以立架牵引造型，也可以吊挂盆栽。对生长多年的植株，要加强修剪，疏除过密的细弱枝、枯死枝及结果枝，增加营养枝的数量，防止枝蔓过多，引起造型紊乱。

## 5. 紫叶小檗

*Berberis thunbergii* 'Atropurpurea' Nana；小檗科小檗属

**整形修剪**：紫叶小檗为低矮灌木，萌蘖性强，耐修剪，宜用整篱剪或整篱机修剪成形。在幼苗时进行强修剪，以促发新枝，以后进行日常维护树形的修剪。栽植过密的植株，3~5 年应该要重新修剪一次，以此来达到更新复壮的目的。每年入冬至早春前，需对茂密的株丛进行必要的疏剪和短截，修剪过密枝、病虫枝、徒长枝和过弱的枝条，并且保持枝条分布均匀成形。矮紫叶小檗因萌蘖性强，耐修剪，常作绿篱栽培，也宜作小型或微型盆景，以直干式或斜干式为主，或制作丛林式。

## 6. 南天竹

*Nandina domestica* Thunb.；小檗科南天竹属

**整形修剪**：园林绿化应用有孤植与群植两类，孤植时植株的形、叶、花、果都是观赏点。冬末春初，按设计要求，选取保留的丛生枝干按主次高低，选取适中的潜伏芽点进行短截，以便新芽从枝腋处萌出。避免主干逐年增高。这种做法对南天竹结果也有益处，剪去其余瘦弱枝、病虫枝、枯死枝、过密枝与结果枝，以保株形美观，达到叶片分布的层次效果，以利于开花结果。在生长期内，剪除根部萌生枝条、密生新梢，以保株形美观，利于开花结果。群丛栽植，整形以整体林冠为主体，利用疏剪调整树冠的通透性，通过短截控制冠高。

## 7. 凌霄

*Campsis grandiflora* (Thunb.) Loisel ex K. Schum.；紫葳科凌霄花属

**整形修剪**：凌霄枝壮花沉，花枝下垂。新植植株萌出的新枝只保留上部3~5个，下部的全部剪去，使其成伞形，控制水肥，经一年即可成形。每年发芽前可进行适当疏剪，去掉枯枝和过密枝，使树形合理，保留枝适度短截，利于生长健壮新梢开花。夏季现蕾后及时疏花，并施一次液肥，则花大而鲜丽，花后及时进行短剪，避免结果造成养分的消耗。

## 8. 炮仗花

*Pyrostegia venusta* (Ker-Gawl.) Miers；紫葳科炮仗花属

**整形修剪**：炮仗花为多年生常绿攀缘藤本植物，生有卷须，可以借助他物向上攀缘生长。待苗长70厘米左右时，要设棚架，将其枝条牵引上架，引导生长，并需进行摘心，促使萌发侧枝，以利于多开花。生长期间不要翻藤蔓，以免破坏卷须，造成生长不良，开花不旺。已经开过花的枝条，翌年不再开花，因此对一些老枝、弱枝等要及时剪除，以免消耗养分，影响第二年开花。

### 9. 黄杨

*Buxus sinica*（Rehd. et Wils.）Cheng ex M. Cheng；黄杨科黄杨属

**整形修剪：**园林中常作绿篱、大型花坛镶边，修剪成球形或进行其他整形栽培，点缀山石或制作盆景。黄杨枝条丛生，萌芽力强，一年可多次发枝，耐修剪。适宜作绿篱、造型或制作盆景等，多用整篱剪和整篱机进行修剪。

### 10. 蜡梅

*Chimonanthus praecox*（L.）Link.；蜡梅科蜡梅属

**整形修剪：**蜡梅栽培整形中通常有两种树冠形状，即北方地区地栽实生苗的丛生形及嫁接苗的单干形。地栽蜡梅萌发力很强，如任其自然生长，则枝条杂乱丛生，严重影响观赏及开花散香，可选3~5个较强壮垂直的枝条作为主干，生长期随时修剪根际萌蘖及其他枝条。要使蜡梅连年枝繁花茂，修剪极为重要。每年开花后应随即将开完花的壮枝短截，每枝最长只留20厘米。待新枝长至10多厘米后，再摘心一次，弱枝直截到1~2对芽处，促使长出较壮的枝，或直接疏除，调整空间。蜡梅枝条繁茂，有"蜡梅不缺枝"之说，故可重剪。冬季对蜡梅进行常规修剪，即剪除枯死枝、病虫枝、过密枝、徒长枝、过弱枝等。南方小绿地栽植的蜡梅或嫁接苗一般采用独干培育方法，在定植一年后选留一个强壮枝，在离根部50厘米处，挖坑施基肥并培好土，其余枝条全部剪除，年内即可高达1~2米。定出低矮主干，应继续注意修剪整形，随时剪除根际萌生的枝条，经3~4年可育成高达4~5米的大树，以后对主干上的新生枝注意留4~5节进行摘心，使分枝繁茂，满树开花。由于北方易冻，一般不采用单干形。

## 11. 糯米条

*Abelia chinensis* R. Br.；忍冬科六道木属

**整形修剪**：糯米条是落叶丛木，根系发达，萌蘖力、发枝力强，枝壮、花序大，每年先长叶，花芽分化是当年进行。冬季休眠期针对树势进行树形修剪，保持树形和枝条的更新，对细弱的枝条进行疏剪，对开过花的枝条进行短截，促进春梢生长健壮，有利于夏秋开花。生长期对萌发的新梢适当进行抹芽等一些修剪措施，调整发枝数量，促进成花质量。

## 12. 猬实

*Kolkwitzia amabilis* Geaebn.；忍冬科猬实属

**整形修剪**：猬实为丛生灌木，夏秋花芽分化，春天先长叶后开花。头年生长的新枝成花量大，整形以自然丛生形为主，通常在花后酌量对细弱枝条及开完的花枝进行适当疏剪，保持树形齐整，并促进发新枝、壮枝，为翌年开花增加开花母枝。由于花灌木枝条的长势弱，每三年重剪一次，有利于促使株丛繁茂。

## 13. 金银花

*Lonicera japonica* Thunb.；忍冬科忍冬属

**整形修剪**：金银花为攀缘藤本，或搭架做形，或栽种后头2年的冬季，剪去嫩枝的上部，促进下部茎的生长，形成球形的花墩。其分蘖力强，剪枝是在秋季落叶后到春季发芽前进行，修剪老枝、弱枝及徒长枝，一般是旺枝轻剪，弱枝强剪，枝枝都剪。剪枝时要适当疏剪，要有利于通风透光，使内外分出层次，提高产量。有条件的可在花墩边上塔1.5~2米高的支架，让茎蔓缠绕，改善田间通风透光条件。

## 14. 金银木

*Lonicera maackii*（Rupr.）Maxim.；忍冬科忍冬属

**整形修剪**：金银木主侧枝条更替频繁，每年都会长出较多新枝开花、结果，导致一些枝条下垂衰老，因此每年休眠期应该将杂乱的过密枝、交叉枝以及弱枝、病虫枝、徒长枝及部分结果枝疏剪去，以起到整形、调整营养空间、促进新梢生长、更新开花母条的效果，春季发芽时利用抹芽去蘖调控新枝的位置。新梢生长的位置适宜，枝条生长健壮，则翌年开花结果量大，景观效果好。注意调整枝条分布均匀，以保持树形的美观。

## 15. 锦带花

*Weigela florida* (Bunge) A. DC.；忍冬科锦带花属

**整形修剪**：由于锦带花为丛生灌木，枝条长势较弱，老枝尤其是生长 3 年的枝条要从基部剪除，以促进新枝的健壮生长。由于它的着生花序的新枝多在 1~2 年生枝上萌发，所以开春不宜对上一年生的枝做较强的修剪，一般只疏去枯枝、弱枝、病虫枝。入冬前顶端的小枝往往生长不充实，越冬时很容易干枯，因此也在修剪之列，木质化好的、健壮的要保留。锦带花的花期长，一年多次开花，头茬花后若不留种，花后应及时剪去残花枝，以免消耗过多的养分，影响生长。适当疏枝利于再次发枝开花。

## 16. 四照花

*Dendrobenthamia japonica* ( A. P. DC. ) Fang var. *chinensis* ( Osborn ) Fang；山茱萸科四照花属

**整形修剪**：四照花在绿地栽植中整形有两种树形，一为丛木状，整形自基部分生成丛状，形成半球形；二为小乔木状，培育有主干的植株，植株树体较高，树冠成球状。四照花枝条耐修剪，春季萌芽前可适当进行整形修剪，以利于树形更为美观。修剪以枝条分布均匀、生长健壮为原则。修剪主要对枝条进行短截，其次利用疏剪剪除枯死枝、病虫枝、内膛枝、瘦弱枝及一部分结果枝条。在生长过程中，还要逐步剪去基部枝条，对中心主枝短截，提高向上生长能力。由于四照花萌枝能力较差，不宜进行重剪，以保持树形圆整，呈伞形即可。

## 17. 红瑞木

*Cornus alba* Opiz；山茱萸科梾木属

**整形修剪**：红瑞木植株根部萌蘖量大，老枝生长易衰弱，树皮失去红艳色彩，应注意更新。早春萌芽前应进行平茬更新修剪，将上年生枝条短截，促其萌发新枝，保持枝条红艳。可在基部留 1~2 个芽，其余全部剪去，新枝萌发后适当疏剪，当年即可恢复。红瑞木生命力强，根系发达，适应性广，极耐修剪。为保持冬季红枝的观赏效果，只要肥水得当，可常年早春进行平茬修剪，翌年可又萌发新枝。

## 18. 迎红杜鹃

*Rhododendron mucronulatum* Turcz.；杜鹃科杜鹃花属

**整形修剪**：迎红杜鹃为半常绿丛生灌木状，生长较缓慢，一般任其自然冠形生长，花开于枝条顶部，一般只能在每年春季花后进行整形修剪，剪去残花、徒长枝、病弱枝、畸形枝、损伤枝，促进新梢的生长，为翌年开花打下基础。适度控制冠形，以利于形体美观。

## 19. 扶芳藤

*Euonymus fortunei*（Turcz.）Hand.-Mazz.；卫矛科卫矛属

**整形修剪**：绿地栽植扶芳藤用途很多，匍匐地被、攀缘藤本或直立灌木均可，整形修剪也应相应变化。扶芳藤作匍匐地被，要求枝软叶密，其枝贴地生根容易，生长期间剪梢，促发多分枝，避免直立生长。扶芳藤用作攀缘藤本，其根扎在物体缝隙中固定枝条，每年休眠期时要把瘦弱枝、病虫枝、枯死枝、过密枝及下垂枝等剪掉。扶芳藤栽成直立灌木，特性同大叶黄杨，须经常短剪，防止徒长攀缘到其他物体上。扶芳藤生长快，善攀缘，发枝量大，且极耐修剪，老枝干上的隐芽萌芽力强，可根据株形需要修剪。

## 20. 紫藤

*Wisteria sinensis*（Sims）Sweet；蝶形花科紫藤属

**整形修剪**：紫藤喜阳光，略耐阴，一般设置棚架进行栽培，定植前须先搭架，移植时将粗枝分别系在架上，定好主干，使其沿架攀缘，形成覆盖的树冠。也有整形成灌木状，多栽植成多主枝或单干形灌木。由于紫藤枝条攀缘竞争强，下部枝条易自疏，每年休眠期通过疏剪调整空间，剪去枯枝、细弱枝、过密枝，调节通风透光性；通过对长枝的梢头进行适度短截，减少发枝量。生长期，开花后立即剪掉残花，不使其结荚，以防养分消耗，影响第二年开花的数量和质量，此时，新梢已开始生长，可确定保留的新梢，剪去弱梢，以利于生长积蓄营养，促进花芽形成。及时短截伸长的枝梢，以防养分散失及翌年开花时养分不足，花开不盛、不艳。

## 21. 太平花

*Philadelphus pekinensis* Rupr.；绣球花科山梅花属

**整形修剪：**太平花为落叶丛木，夏秋花芽分化，先长叶后开花，下部经常萌蘖徒长，枝条长势较弱，更替明显，自然生长的树体会有很多枯枝死权，需要及时修剪进行调整。移栽后，及时对丛木主枝定位，杜绝基部萌蘖。休眠期剪除细弱的小枝、枯枝、重叠枝、内膛枝和徒长枝，调节通风透光性，有利于翌年春季发生健壮的新梢。枝芽萌动时，基部的萌蘖全部抹去，以减少营养散失。侧枝上的萌芽根据发芽位置、发芽方向确定留否，为生长较长的新梢创造条件，这些新梢多是翌年开花的基础。花后及时将花枝及开花母枝疏剪，促进新梢的生长，为翌年成花做准备。

## 22. 海州常山

*Clerodendrum trichotomum* Thunb.；马鞭草科大青属

**整形修剪：**海州常山在绿地应用为落叶灌木或小乔木两类树形，由于北方地区易受冻害，多以灌木型为主。当幼树的主干长至 1.5~2 米时，可根据需要截干，也可在主干 100 厘米以上短截。上部分权，多修成杯状，形成有树荫的小乔木，起到观景、纳凉的效果。培养灌木，既可在基部留主干再分主枝，也可留 4~5 个强壮枝作主枝培养，使其上下错落分布。海州常山枝长叶疏，休眠期用疏剪的方法剪去枯枝、萌蘖枝、过密枝及徒长枝，使壮枝分布均匀，从而使翌年生长旺盛，开花繁茂。当主枝延长到一定程度，互相间隔较大时，宜留强壮分枝作侧枝培养，使主枝、侧枝均能接受到充足阳光。在地上部有时易受冻害，造成地上部死亡，但在第二年仍能萌发生长并开花的地方，以丛生栽培为主，修剪方法有两种。一种是秋季在枝干根部培土防寒，春季根据冻害情况培形修剪，尽量保留多年枝条，整体植株花量大，开花早，观赏期长，花冠、花萼、果实均是看点。另一种是在落叶后平茬，翌年重新生长，开花晚，观赏期短，只能以花冠、花萼为看点。

## 23. 龙牙花

*Erythrina corallodendron* L.；豆科刺桐属

**整形修剪：**龙牙花属落叶灌木，高达 4 米，当年进行花芽分化，在长枝新梢顶形成花序开花。为了管理适当，多采取矮灌修剪。每年春季发芽之前，须及时剪除枯枝死杈、细弱枝条和短截长枝，促进重发健壮新枝，多形成花枝。生长期中，花后及时对开过花的枝梢进行短截，以利于再发新梢，再次开花。

## 24. 紫薇

*Lagerstroemia indica* L.；千屈菜科紫薇属

**整形修剪：**紫薇为观形、观花的树木，整形方式有多种。

①平头形，先培养主干，当养到 2 米高时，主干留 1.7 米去顶，在主干上端选留 3~4 个方向合适的主枝培养，冬剪短截主枝 1/3。第三年冬，各主枝先端发 3~4 个新枝，休眠期留 2 个，并极重短截，其余抹除，即形成平头形。以后维持性修剪，每年对新枝极重短截，生长期长出 2~4 个新枝，夏剪疏 2 个，留先端枝，以后如此反复修剪，使主枝先端形成拳状突起，开花时新枝成串状。这种方法，树易早衰。

②自然开心形，这种树形主干高约 1.5 米。先对苗木在短截、疏剪中进行培干，其余枝条作为侧枝不能超越主干延长枝，当生长高度到位，在 1.5 米处短截主干延长枝，疏剪口下面留二次枝和头年留下的辅养枝。剪口下留 3~4 个芽任其生长，成为主要骨干枝，在此基础

上逐渐形成树冠，其他辅养枝一律疏除。依次逐渐修剪逐渐分枝。

③疏层延迟开心形，为一干多层枝形，1年生苗休眠期短截，翌年发3~4个新枝，剪口第一新枝作主干延长枝，其下的2~3个新枝不断摘心，形成第一层主枝。第二个休眠期，主干延长枝短截1/3，第一层主枝短截，夏季新干萌发若干新枝，再选2个与第一层主枝互相错落的枝作第二层主枝，未入选者摘心控制生长。第三个休眠期，同上年短截主干延长枝，剪口选留一枝作第三层主枝，其余短截控制生长，培养一定数量的开花母枝，以后主干不再让其增高。每年仅仅在主枝上选留各级侧枝和安排好冠内花枝。凡开花母枝，留2~3个芽短截，翌年剪去前两枝，第三枝留2~3个芽短截，如此每年反复。此种类型层次多、花量大。

④多干丛生形，自小苗开始从根部分出多个主干，培养一定高度的主干后，分生主枝成丛生状。修剪以休眠季为主，生长季为辅。早春萌芽前疏剪徒长枝、竞争枝、细弱枝以及病虫枝、枯萎枝等，留下的枝剪去顶部2/3以上。促进萌生长枝，形成大花序。夏季第一次花后及时剪除花枝。此树形在北方用得较多，有些从南方移来的树，主干冻死后也形成这种树形。紫薇耐修剪，发枝力强，采用重短截、重疏剪，新梢长花量才大。生长期中，花后要及时将残花剪去，既可延长花期，也利于积累树体营养。对徒长枝、重叠枝、交叉枝、辐射枝以及弱枝、病枝随时剪除，以免消耗养分。

## 25. 含笑

*Michelia figo*（Lour.）Spreng.；木兰科含笑属

**整形修剪：**含笑为常绿灌木，在绿地中栽植多以自然树形或圆球状树形为景，花生于叶腋。植株的修剪、整形以越冬之前进行为宜。适当疏去一些老叶，去掉过密枝、瘦弱枝、枯枝，以使树冠内部透风透光，也利于促发新枝叶，有利于促进开花，但不宜过度修剪。花后将幼果或开花量大的枝剪去，减少养分消耗。生长后期及时疏剪弱细枝条，有利于通风透光，促进花芽分化。

## 26. 木芙蓉

*Hibiscus mutabilis* L.；锦葵科木槿属

**整形修剪**：木芙蓉为落叶灌木，枝条长势强健，随新梢开花，枝壮花期长，枝弱花期短，萌枝力强，发枝多而乱。休眠期进行疏剪、短截，控制枝量，促进通风透光。生长初期应及时在发枝、萌芽时进行修剪、抹芽。木芙蓉耐修剪，根据需要既可将其整形成乔木状，又可整形成丛木状。修剪宜在花后及春季萌芽前进行，剪去枯枝、弱枝、内膛枝，以保证树冠内部通风透光良好。在寒冷地区地栽的植株，冬季其嫩枝会冻死，但到了翌年春天又能萌发出更多的新梢。因此，在这种条件下，最好将其株形培植成灌木状。

## 27. 扶桑

*Hibiscus rosa-sinensis* L.；锦葵科木槿属

**整形修剪**：扶桑在应用中多为灌木状，管理较粗放，不需要特殊管理。扶桑新梢长势强健，且萌枝力强。随新梢生长，叶腋成花。要保持树形优美，着花量多，则要根据扶桑发枝萌蘖能力强的特性进行调整，可于早春未萌芽放叶前，整形修剪成灌木状，并适当疏枝，剪去枯枝、弱枝、内膛枝，以保证树冠内部通风透光良好。保留的一年生枝除基部留 2~3 个芽外，上部全部截去，剪修可促使发新枝，长势将更旺盛，株形亦美观。修剪后，因地上部分消耗减少，要适当节制水肥。生长初期及时抹芽调控枝条的数量与方向，合理地控制营养空间及花的分布。秋后花量减少或无花后适当轻剪促进营养的积累与枝条的木质化。

## 28. 木槿

*Hibiscus syriacus* L.；锦葵科木槿属

**整形修剪**：木槿属落叶灌木或小乔木，多分枝，稍披散。新栽植的木槿植株较小，在前 1~2 年可放任其生长或进行轻修剪，剪去枯枝、弱枝、内膛枝，以保证树冠内部通风透光良好。树体长大后，应对木槿植株进行整形修剪。整形修剪宜在秋季落叶后进行。既可将其修剪成乔木状，又可修剪成丛木状。乔木状为主干开心形，留有1米左右的主干高度，上部合理选留主枝和侧枝，将多余主枝和侧枝分批疏掉，以后每年逐渐调整完成。丛木状为丛生形，根据木槿枝条开张程度不同可分为开张形和直立形。开张形木槿，常修剪较粗放，主枝数过多，内膛直立枝多，外围枝条下垂而形成。直立形，及时修剪，用背上枝换头，防止外围枝头下垂，对枝头的处理采取旺枝疏除，壮花枝缓放后及时短截，再放再缩，用这种方法不断增加中短花枝比例。

## 29. 米仔兰

*Aglaia odorata* Lour.；楝科米仔兰属

**整形修剪**：米仔兰苗栽植后就要进行整形，待幼苗长到20~25厘米高时，即可摘心，促使其发生侧枝，早日形成树冠，同时可以控制植株高度和增加花量。由于米仔兰是在新叶腋间抽生花穗，所以一般不加修剪。如为控制树形和增加新枝，可在新枝生长前摘心，或结合扦插进行修剪。

## 30. 叶子花

*Bougainvillea spectabilis* Willd.；紫茉莉科叶子花属

**整形修剪**：叶子花在栽植应用中，首先要确定树形，可使其形成丛生而低矮的株形，也可设支架，使其攀缘而上。叶子花生长势强，因此每年需要整形修剪。新栽小苗长出5~6片叶时，要及时摘去顶芽，保留下部的3~4片叶；新抽枝条长出5~6片叶时，进行第二次的摘心（即摘去顶芽），如此反复几次，可形成丰满的树冠。已开花的大植株，一年可进行2次修剪，第一次结合早春换盆，从基部剪去过密枝、瘦弱枝、病虫枝，同时缩剪徒长枝，对保留的枝条也要进行短截。第二次在花谢后，酌情疏枝，剪去枯枝、瘦弱枝、内膛枝，保留的枝条在30厘米处截去顶梢，同时将所有的侧枝剪短，促使多发新枝，形成更多的花芽。生长衰弱的大龄老株，可重剪，即每个大枝仅保留基部的2~3个芽，其余全数剪去，促成植株更新复壮。

## 31. 连翘

*Forsythia suspensa* (Thunb.) Vahl；木犀科连翘属

**整形修剪**：定植后，幼树高度达到 1 米左右时，于冬季落叶后剪去顶梢。再于夏季通过摘心促使多发分枝，在不同的方向上，从中选择 3~4 个发育充实的侧枝培育成为主枝。以后在主枝上再选留 3~4 个壮枝，培育成为副主枝。在副主枝上，放出侧枝。通过几年的整形修剪，使其形成低干矮冠、内空外圆、通风透光、小枝疏朗、提早结果的自然开心树形。同时于每年冬季将枯枝、重叠枝、交叉枝、瘦弱枝以及徒长枝和病虫枝剪除，生长期还要适当进行疏剪短截。对已经开花结果多年、开始衰老的结果枝群，也要进行短截或重剪（剪去枝条的 2/3 左右），可促使剪口以下抽生壮枝，恢复树势。

## 32. 迎春花

*Jasminum nudiflorum* Lindl.；木犀科素馨属

**整形修剪**：早春开花种类，以观花为主要目的的修剪，采用形式为自然拱枝形。迎春花的花朵多集中在 1 年生的枝条上，2 年生枝条上花较少，所以每年花后要对花枝进行重剪，只留基部 3~4 个芽，弱枝还应少留，保持理想树形。采用疏剪和回缩的方法，一方面疏去过密枝、枯死枝、徒长枝、病虫枝、干扰枝外；另一方面要回缩老枝，促发强壮新枝，以使树冠饱满，充分发挥其树姿特点。秋冬两季不宜修剪，最为适宜的修剪时间是在花朵全部凋谢之后 10 天以内。

## 33. 茉莉花

*Jasminum sambac* (L.) Aiton；木犀科素馨属

**整形修剪**：幼龄茉莉花分枝少，需要尽快培养树形，所以要破坏顶端生长，促使其多分枝，形成更多的花蕾。每年的 2 月上中旬在现蕾前将徒长枝短截，保留 3~4 对叶片，使徒长枝的顶端优势减弱，促使早孕蕾。花期过后，对花枝进行一次短截，短截应根据枝条生长的部位、密度酌情进行，原则上使每丛茉莉花能最大限度地增加光照面积，使主枝、分枝分布均匀，通风透气良好。除打顶、短截外，修剪也是茉莉花栽培的主要技术措施，修剪在每年冬季进行。进行大平剪，形成一个整齐的树冠，以后每年修剪时，在上年的修剪面上适当提高，修剪时还要剪去枯枝、弱枝、病枝及垂地枝。修剪可以减少养分损耗，使主枝及新芽生长茁壮。

## 34. 小叶女贞

*Ligustrum quihoui* Carr. ；木犀科女贞属

**整形修剪**：采用球形修剪法。定植后，为了形成丰满的球冠形，对它要进行重剪，首先应剪去树干顶端，破坏它的顶端优势，促使萌发更多的侧枝，以利于球形冠的整形；之后剪去病虫枝、细弱枝、过密枝、徒长枝，剪去球形以外的枝条，以使其形成美观的球形，供人们欣赏。

## 35. 桂花

*Osmanthus fragrans* (Thunb.) Lour. ；木犀科木犀属

**整形修剪**：桂花萌发力强，有自然形成灌丛的特性。桂花每年在春、秋季抽梢两次，如不及时修剪抹芽，很难培育出高植株，并易形成上部枝条密集、下部枝条稀少的上强下弱现象。修剪时除因树势、枝势生长不好的应短截外，一般以疏枝为主，只对过密的外围枝进行适当疏除，并剪除徒长枝和病虫枝，以改善植株通风透光条件。要及时抹除树干基部发出的萌蘖枝，以免消耗树木内的养分和扰乱树形。

## 36. 暴马丁香

*Syringa reticulata* (Blume) Hara var. *amurensis* (Rupr.) Pringle ；木犀科丁香属

**整形修剪**：定植后，根据需要将中心主枝剪截，留4~5个强壮枝作主枝培养，使其上下错落分布，间距10~15厘米。短截主枝，剪口下留一个下芽或侧芽。主枝与主干角度小则留下芽，反之留侧芽，并剥除另一个对生芽。过密的侧枝可及早疏剪。当主枝延长到一定程度，互相间隔较大时，宜留强壮分枝作侧枝培养，使主枝、侧枝均能接受到充足阳光。逐步疏剪中心主枝上的营养枝。暴马丁香春季开花，其花芽着生于头年生枝条上，成龄树宜在花后进行修剪。花后若不保留种子，应及时剪除残留花穗，促使新芽从老叶旁长出，花芽可以从该枝先端形成，并剪除细弱枝、过密枝、病虫枝等。

## 37. 紫丁香

*Syringa oblata* Lindl.；木犀科丁香属

**整形修剪**：参阅暴马丁香。

## 38. 牡丹

*Paeonia suffruticosa* Andr.；毛茛科芍药属

　**整形修剪**：修枝的目的在于保持牡丹地上部与地下部生长的平衡，至于每株留枝量，依不同品种而定。一般而言，每株留 5~8 个枝，所以春天地上新芽冒出时，有选择地去除，以免日后枝干太多，影响树形及养分供应。修枝可决定植株的树形，并使其通风透光，去除枯枝、老枝、病枝可减轻病害，保留合理数量的枝干。养分集中，才能有优雅健壮的牡丹，开出大而亮丽的花。

## 39. 海桐

*Pittosporum tobira*（Thunb.）Ait.；海桐花科海桐花属

　**整形修剪**：海桐分枝能力、萌芽力强，耐修剪。大棵植株可根据观赏要求，在开春时进行修剪整形，可修剪成平台状、圆球状、圆柱状等多种形态。经过修枝整形的植株，树形优美，价值高。如欲抑制植株生长高度，使枝繁叶茂，可待长至相应高度时剪去枝条顶端。如植株出现徒长枝条，使植株长势出现不平衡，可在秋季植株顶梢生长基本完成时进行短剪，保持株形。另外，修枝时去除枯枝、老枝、病枝。

## 40. 紫竹

*Phyllostachys nigra*（Lodd. ex Lindl.）Munro；禾本科刚竹属

**整形修剪**：紫竹在园林中多以自然形态为主，也有截干处理的，移植前可按园林要求及紫竹生态习性、抗寒抗旱适应能力等，保持全冠自然形或做截干剪枝处理。全冠自然形一般不修枝或只是剪去枯死枝、干枯枝、病虫枝、折断枝等，或只刷去全部或部分竹叶，或疏剪一半枝（即每节二分枝中剪去互生的各一枝），形成在一个平面上的平面状自然状态；而做截干处理的则根据园林工程需求常保留 5~10 盘枝，也有全冠剪去大部分枝叶，每节点上对二分枝保留 1~2 节后全重剪，成为"鸡毛掸子"等形状，保留栽植高度整齐一致。

## 41. 石榴

*Punica granatum* L.；石榴科石榴属

**整形修剪**：石榴要根据不同年龄和不同树势进行合理修剪，选择培养好骨干枝，迅速扩大树冠，以求适时结果。按选定树形留好骨干枝，对主干上的瘦弱枝和地面上的萌蘖全部清除，注意尽量保留并利用树上的枝条，一般不能采用短截，过密的枝条可疏除。以注意培养侧枝和结果枝组为主，以轻剪、疏枝为主；去强枝，留中庸偏弱枝；去直立枝，留水平斜生枝；去病虫枝，留健壮枝；多疏，少截或不截，变向缓剪等，使树冠中庸而达到开好花、结好果的目的。对于盛果期树要保持树冠原有结构，维持树势中庸健壮，对于外围上部过多的强旺枝要促其生长缓和，过多的侧枝要酌情疏除或缩剪，近于直立的骨干枝要注意加大生长角度，为维持树体长势可以轮换更新复壮枝组。

## 42. 山桃

*Prunus davidiana* Franch.；蔷薇科桃属

**整形修剪**：当幼树长到一定高度、具有一定的主干时，选留 3 个不同方向的枝条作为主枝，并对其进行摘心，以促进主干延长枝直立生长。如果顶端主干延长枝弱，可剪去，由下面生长健壮的侧主枝代替。如此培养几层主枝，从而形成小乔木状的卵圆形树冠。每年冬季修剪各层主枝时，要注意配备适量的侧枝，使其错落分布，以利于通风透光。平时注意剪去枯死枝、病虫枝、内膛枝、重叠枝、交叉枝、过长及过密的细弱枝。

## 43. 榆叶梅

*Amygdalus triloba* Ricker；蔷薇科桃属

**整形修剪**：榆叶梅在园林中最常用的树形是自然开心形，苗木长到 1 米以上时，在 80 厘米左右处将其截断。第二年生长季在距地半米左右选留第一个主枝，自其上 10 厘米处选留第二个主枝，在第二个主枝上 10 厘米处选留第 3 个主枝。这三个主枝要均匀分布在不同的方向。三个主枝选定后，其余枝条可少量留存作辅养枝，其余的疏除。冬剪时，对 3 个主枝进行短截，在短截时要注意树冠的平衡，强枝要轻剪，弱枝重剪，剪口下留外芽。第三年春季，要及时将邻近新生主枝的延长枝上一些新生枝进行疏除，保留一些健壮的枝条，冬剪时要继续对主枝延长枝短截，并保留一些侧枝，这些侧枝应方向一致，或全部顺时针，或全部逆时针，不可产生交叉枝。树冠基本培养形成后的修剪主要分为夏季修剪和冬季修剪，夏季修剪一般在花谢后的 6 月进行，主要是对过长的枝条进行摘心，还要将已开过花的枝条剪短，只留基部的 3~4 个芽，以使新萌发的枝条接近。

## 44. 杏

*Armeniaca vulgaris* Lam.；蔷薇科杏属

**整形修剪**：幼果期根据预期的树形，确定相应的定干高度，培养 3~4 个主枝，并在 40 厘米处短截，促其萌发二次枝，加快成形。第二年结合夏季修剪，在侧枝上培养枝组，对主枝延长枝继续留外芽短截以扩大树冠。初果期主要应加强夏季修剪（摘心、环剥、环割等），增加枝量，缓和树势。盛果期主要任务是调整生长与结果的关系，保持树势稳健，延长盛果期年限。修剪时可根据枝条长势、树冠各部位空间，适当疏密截弱，利用壮枝芽复壮，对下垂枝、辅养枝要及时回缩。

## 45. 毛樱桃

*Cerasus tomentosa*（Thunb.）Wall.；蔷薇科樱属

**整形修剪**：多采用丛状自然形，幼树期可任其自然生长，进入结果期后，对生长旺盛、枝条密挤的大植株，疏除过密枝、细弱枝、病虫枝、重叠枝，使其均匀分布。若树势衰弱应及时回缩更新，老枝干从基部疏除更新，以促进枝干生长，维持植株健壮。

## 46. 木瓜

*Chaenomeles sinensis*（Thouin）Koehne；蔷薇科木瓜属

**整形修剪**：在冬季至早春树木休眠季节进行，主要剪去枯枝、病枝、衰老枝及过密枝，使整个树形内空外圆，以利于多开花、多结果。若树龄衰老，需砍去老树，更新复壮。

## 47. 贴梗海棠（皱皮木瓜）

*Chaenomeles speciosa*（Sweet）Nakai；蔷薇科木瓜属

**整形修剪**：春花类灌木，修剪时期以休眠期为主，结合夏季修剪，采用灌丛形修剪。花芽大部分着生在 2 年生枝上，当新植灌丛定植后，按留优去劣的原则，一般选健壮枝 3~5 个，将过多的、过弱小的枝齐基部剪除，以促进翌年自根际萌发苗壮新枝，增加丛内枝条数。对于已选出的健壮枝，应依强弱情况确定修剪强度，通常强枝轻剪，弱枝重剪，剪口留外向芽，以便扩大树丛范围，同时使丛内中空，利于通风透光，多生花芽。在肥水条件好的地方，要轻剪长留，反之重剪短留。第二年冬季，丛内已有萌生新枝若干，一般仅留 2~3 个枝即可，其余皆疏除，选留的均要做适当短截。上年经过短截的几个主枝，应当视强弱情况进行回缩修剪，以降低高度，然后对剪口下的长枝和中短枝分别短截。长枝宜轻剪，以缓和枝势，促进其下部短枝形成花芽开花。中短枝均留 2~3 个短截即可。

## 48. 平枝栒子

*Cotoneaster horizontalis* Decne；蔷薇科栒子属

**整形修剪**：在冬季植株进入休眠或半休眠期，要把瘦弱、病虫、枯死、过密等枝条剪掉。也可结合扦插对枝条进行整理。

## 49. 水栒子

*Cotoneaster multiflorus* Bunge；蔷薇科栒子属

**整形修剪**：水栒子耐修剪，可将其修剪成绿篱使用。在冬季植株进入休眠或半休眠期，要把瘦弱、病虫、枯死、过密等枝条剪掉。

## 50. 山楂

*Crataegus pinnatifida* Bunge；蔷薇科山楂属

**整形修剪**：在冬季修剪时，防止内膛光秃，应采用疏、缩、截相结合的原则，进行改造和更新复壮，疏去轮生骨干枝和外围密生大枝及竞争枝、徒长枝、病虫枝，缩剪衰弱的主侧枝，选留适当部位的芽进行更新，培养健壮枝组。对弱枝采用重截复壮和在光秃部位芽上刻伤增枝的方法进行改造。在夏季修剪时，山楂抽生新梢能力较强，一般枝条顶端的2~3个侧芽均能抽生强枝，应及早疏除外围分生的郁闭树冠枝条和位置不当及过旺的发育枝。对花序下部侧芽萌发的枝一律去除，克服各级大枝的中下部裸秃，防止开花结果部位外移。

## 51. 棣棠

*Kerria japonica*（L.）DC.；蔷薇科棣棠属

**整形修剪**：一般冬季不剪，到早春萌芽前重剪，以后轻剪。因花芽是在新梢上形成，故宜隔2~3年剪除老枝一次，以促使发新枝，多开花。日常管理剪去病虫枝、干枯枝及扰乱株形的枝条即可。也可进行球形修剪，在一年中反复多次进行外枝修剪，形成丰满的球形树。每年剪去树冠内的病虫枝、过密枝、细弱枝，使冠内通风透光。由于树冠内外不断生出新枝，应随时修剪，形成美观的球形树。

## 52. 火棘

*Pyracantha fortuneana*（Maxim.）Li；蔷薇科火棘属

**整形修剪**：火棘成枝能力强，侧枝在干上多呈水平状着生，可将火棘修整成主干分层形。离地面50厘米左右为第一层，3~4个主枝，第二层距第一层 30 厘米左右，由 2~3 个主枝组成，第三层距第二层 30 厘米，由 2 个主枝组成，层与层间有小枝着生。火棘易成枝，但连续结果差，自然状态下结实率仅 10% 左右，因此应对结果枝年年进行修剪，对多年生结果枝回缩，促使抽生新梢。火棘成花能力极强，对过繁的花枝要短截促其抽生营养枝，并于花前疏除 1/2 以上的花序以及过密枝、细弱枝，使光线能直接照进内膛。

## 53. 月季

*Rosa chinensis* Jacq. ；蔷薇科蔷薇属

**整形修剪**：根据应用不同，月季修剪可分为灌木状修剪和树状修剪。

①灌木状修剪：当幼苗的新芽伸展到 4~6 片叶时，及时剪去梢头，积聚养分于枝干内，促进根系发达，使当年形成 2~3 个新分枝。冬季剪去残花，多留腋芽，以利于早春多发新枝。主干上部枝条长势较强，可多留芽；主干下部枝条长势较弱，可少留。夏季花后，扩展性品种应留里芽，直立性品种应留外芽。在第二片叶上面剪花，保留其芽，再抽新枝。翌年冬，灌木形姿态初步形成。重剪上年连续开花的 1 年生枝条，更新老枝。由于冬剪的刺激，春季会产生根蘖枝，如果是从砧木上长出，应及时剪去。如果是接穗上部成扦插苗，则可填补空间，更新老枝，复壮效果明显。

②树状修剪：新主干高 80~100 厘米时摘心，在主干上端剪口下依次选留 3~4 个腋芽作主枝培养，除去干上其他腋芽。主枝长到 10~15 厘米时即摘心，使腋芽分化，产生新枝。在生长期内对主枝进行摘心，促使主枝萌发二级枝。到秋季即可形成丰满的树干。生长期，花后要及时剪除残花、过密枝。

## 54. 多花蔷薇

*Rosa multiflora* Thunb. ；蔷薇科蔷薇属

**整形修剪**：多花蔷薇因为要生长在固定的篱架或棚架范围内，故应根据架的高低确定主干的高度。主干确定后，对多花蔷薇进行摘心，促使腋芽抽生新枝。当新枝长到 20 厘米时再摘心，使萌发更多的分枝尽早布满架子。新芽伸展到 4~6 片叶时，及时剪去梢头，积聚养分于枝干内，促进根系发达，使当年形成 2~3 个新分枝。冬季剪去残花，多留腋芽，以利于早春多发新枝。主干上部枝条长势较强，可多留芽；主干下部枝条长势较弱，可少留芽。夏季花后，适当留里芽和外芽。在第二片叶上面剪花，保留其芽，再抽新枝。重剪上年连续开花的 1 年生枝条，更新老枝。由于冬剪的刺激，春季会产生根蘖枝，可填补空间，更新老枝，复壮效果明显。

## 55. 玫瑰

*Rosa rugosa* Thunb.；蔷薇科蔷薇属

**整形修剪**：玫瑰修剪以灌木状修剪为主，当幼苗的新芽伸展到 4~6 片叶时，及时剪去梢头，积聚养分于枝干内，促进根系发达，使当年形成 2~3 个新分枝。冬季剪去残花，多留腋芽，以利于早春多发新枝。主干上部枝条长势较强，可多留芽；主干下部枝条长势较弱，可少留芽。夏季花后，扩展性品种应留里芽，直立性品种应留外芽。在第二片叶上面剪花，保留其芽，再抽新枝。翌年冬，灌木形姿态初步形成。重剪上年连续开花的 1 年生枝条，更新老枝。由于冬剪的刺激，春季会产生根蘖枝，如果是从砧木上长出，应及时剪去。如果是接穗上部成扦插苗，则可填补空间，更新老枝，复壮效果明显。

## 56. 黄刺玫

*Rosa xanthina* Lindl.；蔷薇科蔷薇属

**整形修剪**：以观花为主要目的的修剪，秋冬两季不宜修剪，最为适宜的修剪时间是在花朵全部凋谢之后 10 天以内，多采用自然拱枝形。黄刺玫的花朵多集中在新生的枝条上，老枝条上花较少，所以每年花后要对花枝进行重剪，保持理想树形，只留基部 3~4 个芽，弱枝应少留。采用疏剪和回缩的方法，一方面疏去过密枝、枯死枝、徒长枝、病虫枝、干扰枝，另一方面要回缩老枝，促发强壮新枝，以使树冠饱满，充分发挥其树姿特点。

## 57. 珍珠梅

*Sorbaria sorbifolia*（L.）A. Br.；蔷薇科珍珠梅属

**整形修剪**：珍珠梅在花后应及时剪除残花枝，秋后及初春剪去弱枝、病枯枝、老龄植株每3~5年要短截修剪更新，促使生长旺盛，增强开花能力。冬季落叶后即可修剪，修剪主要采用短截和疏枝的方法。2~3年生老枝仍可发育花芽、开花，剪去先端，留合适长度即可。必须将病虫枝、枯枝、过密枝等疏去，以保持合理树形。如培养低矮的花树可将整体直立枝剪短。对粗大的枝可以短剪，以促使细枝密生，树形整齐。

## 58. 珍珠绣线菊

*Spiraea thunbergii* Sieb. ex Bl.；蔷薇科绣线菊属

**整形修剪**：修剪珍珠绣线菊必须掌握两个要点，一是在花后尽早进行，二是修剪部位应选择在植株的基部。如果修剪延后、而不是在花后及早进行，虽然修剪后也能萌芽抽枝，但第二年的花芽却难以成形。修剪的时间越晚，翌年的树势越弱小。修剪主要是剪去枯萎枝、徒长枝、重叠枝及病虫枝。修剪后的枝条要及时用愈伤防腐膜，使其伤口快速愈合，防止雨淋后病菌侵入导致腐烂。

## 59. 栀子花

*Gardenia jasminoides* Ellis；茜草科栀子属

**整形修剪**：栀子花萌芽力强，容易枝杈重叠，密不通风，营养分散。对于根际不断生出的萌芽条，一定要控制修剪，不使过密，以利于丛内通风透光和大量开花。故每年除选留2~3个枝作更新枝用外，其余认为无培养价值或过密的枝，均可剪除。留作更新的枝条，夏季生长达一定长度后，就要摘心或剪梢，使其生长充实，并可与其他各枝保持平衡。至冬季即可将此更新枝的先端剪去，作为主干保留。整形时应根据树形选留3个主枝，要求随时剪除根蘖萌出的其他枝条。花谢后枝条要及时截短，促使在剪口下萌发新枝。当新枝长出3节后进行摘心，以免盲目生长。

## 60. 大花栀子

*Gardenia jasminoides* Ellis var. *grandiflora* Nakai. ；茜草科栀子属

**整形修剪**：参阅栀子花。

## 61. 枸橘

*Poncirus trifoliata*（L.）Raf. ；芸香科枳属

**整形修剪**：无论丛生或独干苗，定植后在一定高度处截干，并在冬季进行树冠整形修剪。第一年冬季，在每个主枝顶端留 2~3 个向外开张、分布合理的枝条并在壮芽处中截，作为第一级分枝；第二年冬季，在每个一级分枝顶端留 2~3 个向外开张、分布合理的枝条并在壮芽处中截，作为二级分枝。依此类推，就可形成丰满的树冠。生长期中，树冠以下部位的萌蘖及萌条及时剪除，冠顶部的枝条适当疏剪，宜从根部疏除生长细弱、干枯、病虫等枝条。

## 62. 接骨木

*Sambucus williamsii* Hance；忍冬科接骨木属

**整形修剪**：定植后，根据需要将中心主枝剪截，留 4~5 个强壮枝作主枝培养。使其上下错落分布，间距 10~15 厘米。短截主枝先端，剪口下留一个下芽或侧芽。主枝与主干角度小则留下芽，反之留侧芽，并剥除另一个对生芽。过密的侧枝可及早疏剪。当主枝延长到一定程度，互相间隔较大时，宜留强壮分枝作侧枝培养，使主枝、侧枝均能接受到充足阳光。逐步疏剪中心主枝上的营养枝。花后若不保留种子，应及时剪除残留花穗及上一年枝的二次枝，促使新芽从老叶旁长出（花芽可以从该枝先端形成），并剪除细弱枝、过密枝、病虫枝等。

## 63. 文冠果

*Xanthoceras sorbifolia* Bunge. ；无患子科文冠果属

**整形修剪**：文冠果基本都是顶枝结果，修剪最特别之处就是去弱留强。根据文冠果的结果特点，把文冠果的树形培养成疏散分层形，这是最适宜的树形。早春 3 月开花，4~7 月花后宜进行修剪，修剪主要采用疏剪和回缩的方法，一方面疏去过密枝、枯死枝、徒长枝等，另一方面要回缩老枝，促发强壮新枝，以使树冠饱满。秋后及冬季也宜剪去杂乱枝、老枝和无用弱小枝。

## 64. 枸杞

*Lycium chinense* Mill.；茄科枸杞属

**整形修剪**：幼树整形，枸杞栽后当年秋季在主干上部的四周选 3~5 个生长粗壮的枝条作主枝，并于 20 厘米左右处短截，第二年春在此枝上发出新枝时于 20~25 厘米处短截作为骨干枝。第 3~4 年仿照第二年办法继续利用骨干枝上的徒长枝扩大，加高充实树冠骨架。经过 5~6 年整形培养进入成年树阶段。成年树修剪，每年春季剪枯枝、交叉枝和根部萌蘖枝，夏季去密留疏，剪去徒长枝、病虫枝及针刺枝。秋季全面修剪，整理树冠，选留良好的结果枝，使结果枝条在树冠内均匀分布。

## 65. 山茶

*Camellia japonica* L.；山茶科茶属

**整形修剪**：对于根际不断生出的萌芽条，一定要控制修剪，不使过密，以利于丛内通风透光和大量开花。故每年除选留 2~3 个枝作更新枝外，其余过密的枝均可齐地剪除。若留作更新的枝条，夏季生长达一定长度后，就要摘心或剪梢，使其生长充实，并与其他各枝保持平衡，到冬季即可将此更新枝的先端剪去，作为主干保留，剪去全枝长度的 1/3 左右。

## 66. 木绣球

*Viburnum macrocephalum* Fort.；忍冬科荚蒾属

**整形修剪**：应在冬季选留分布合理的 3~5 个主干，促发分枝。第二年春季通过抹芽使每个主干保留 3~4 个分枝作第一层主枝，休眠期修剪中短截，形成基本骨架。基部极易萌发砧芽，及时剪除基部砧芽和扰乱树形的徒长枝、交叉枝、枯枝等。在夏季剪掉残花时结合进行短截修剪，掌握强枝轻剪（剪去枝条长度的1/3），中庸枝剪去2/5~1/2，弱枝约剪去2/3，可延缓着花部位逐年上移而造成植株下部中空裸露，同时使养分均匀分配，减少徒长，多开花。

## 67. 天目琼花

*Viburnum sargentii* Koehne；忍冬科荚蒾属
**整形修剪**：参阅木绣球。

## 68. 美国地锦

*Parthenocissus quinquefolia* Planch.；葡萄科爬山虎属
**整形修剪**：幼苗定植后，常在植株基部直接生出几个主蔓，可留3~4个，再通过摘心、修剪、引缚，便形成无主干式自然扇形。应在生长季剪去未能吸附墙体而下垂的枝条，未完全覆盖的植物应短截空隙周围枝条，以便发生副梢填补空缺。若藤蔓已覆盖全部花架，可适当疏剪部分枝条，防止重叠枝生长，以利于开花。每年花谢后和花芽分化前，从基部剪掉病虫枝、缠绕枝、重叠枝及衰老枝，防止丛生枝蔓过密而造成紊乱，使藤蔓分布均匀，阳光通透，利于新枝生长。

## 69. 地锦

*Parthenocissus tricuspidata*（Sieb. et Zucc.）Planch.；葡萄科爬山虎属
**整形修剪**：参阅美国地锦。

# 参考文献

安旭，陶联侦．城市园林植物后期养护管理学［M］．杭州：浙江大学出版
　　社，2013．

陈耀华，秦魁杰．园林苗圃与花圃［M］．北京：中国林业出版社，2001．

郭学望．园林树木栽植养护学［M］．北京：中国农业出版社，2002．

胡长龙．观赏花木整形修剪图说［M］．上海：上海科学技术出版社，1996．

李庆卫．园林树木整形修剪学［M］．北京：中国林业出版社，2011．

刘晓东，李强．园林树木栽培养护学［M］．北京：化学工业出版社，2013．

鲁平．园林植物修剪与造型造景［M］．北京：中国林业出版社，2006．

马元建，陈绍云．园林苗木整形修剪技术［M］．杭州：浙江科学技术出版
　　社，2011．

叶要妹，包满珠．园林树木栽培养护学［M］．3版．北京：中国林业出版
　　社，2012．

张涛．园林树木栽培与修剪［M］．北京：中国农业出版社，2003．

张秀英．观赏花木整形修剪［M］．北京：中国农业出版社，1999．

张秀英．园林树木栽培养护学［M］．北京：高等教育出版社，2012．

张祖荣．园林树木栽植与养护技术［M］．北京：化学工业出版社，2009．

赵和文．园林树木选择·栽培·养护学［M］．2版．北京：化学工业出版
　　社，2014．

▲ 榆叶梅冬季修剪

▲ 修剪后的桃树

▲ 修剪后的柳树

▲ 悬铃木在同一位置的反复修剪

▲移栽后的柳树修剪

▲生长季修剪

▲圆形树冠修剪

▲柏树修剪

▲定干后形成的多头树冠

▲每年修剪形成的龙爪槐

▲对灌木进行修剪，以便更好地与乔木和花草配合

▲房前树木修剪

▲花园树木修剪

▲ 建筑物周围的树木修剪

▲ 林下灌木的造型修剪

▲ 街心花园树木修剪　　　　　▲ 绿篱修剪

▲绿篱造型

▲庭院树木修剪

▲庭院树造型修剪

▲ 小叶榕造型修剪

▲ 行道树造型

▲ 行道树造型修剪

▲ 修剪规整的花园

▲ 造型修剪

▲ 造型修剪

▲ 接近自然的修剪

▲ 保留形态特殊的树木

▲ 保留奇特形态树木

▲毛白杨冬态

▲不用修剪的毛白杨

▲自然生长形态

▲自然形态胜修剪

▲叶形特别的构树